「彼得原理」、「帕金森定律」、「墨菲定律」三大管理學定律
是20世紀西方文化的三大發現、21世紀超強心理定律

彼得原理

PETER PRINCIPLE

于珊　主編

關於本書

管理大師彼得・杜拉克曾經多次強調企業的精兵簡政有多麼重要，在他的著作《管理聖經》中，杜拉克說道：「除非內部一致要求補充人才，否則，就直接去掉這個職位。」——他認為，組織結構要想避免臃腫，最有效的方法就是減少人員的數量。

如果依據「彼得原理」，減少人員的最佳方法，就是「把合適的人放在合適的崗位上，讓每一個人都發揮出他的最大價值。」

微軟的比爾・蓋茨曾說過：「如果把我們頂尖的二十個人才挖走，那麼，我告訴你，微軟就會變成一家無足輕重的公司。」

比爾・蓋茨相信，一家公司發展的「核心競爭力」在於它所擁有的頂尖人才。把頂尖人才放在合適的位置上，他們一個人創造的價值能抵得過一百個庸才；但若是把頂尖人才放錯了位置，尤其是因為不合理的晉升制度把他們晉升到無法勝任的管理崗位上，那麼，按管理學家彼得的說法，每一個頂尖人才都不得不雇用一百個庸才來完成，本來由他一人就可以完成的工作——這是相當得不償失的作法。

「彼得原理」的具體內容是：在一個等級制度中，每一個員工趨向於上升到他所不能勝任的地位。彼得指出，每一個員工由於在員工的職位上工作成績表現的好，也就是勝任，就將被提升到更高的一個職位；其後，如果繼續勝任則將進一步被提升，直至到達他所不能勝任的職位。

彼得原理有時也被稱為「向上爬原理」或是「金字塔原理」。它是指每個組織都是由各種不同的職位、等級或階層的排列所組成，每個人都隸屬於其中的某個等級。該原理是美國學者勞倫斯彼得在對組織中人員晉升的相關現象研究後，得出一個結論：在各種組織中，雇員總是趨向於晉升到其相對十分不稱職的地位。

每一個員工最終都將達到「彼得高地」，到達每一個不能勝任的崗位，這是很多企業在當下管理當中的真實現象。我們來思考一個問題：不能勝任的人在一個崗位，對企業的影響是什麼？我想各位應該非常清楚，大部分企業採用的是通過不斷的學習、實踐、輔導，以及試錯之後，使崗位人員逐步的勝任，但是，這需要企業付出相當昂貴的成本來支撐。所以，我想說的是：在職業發展的道路上，我們每個人都期望不停的升職，與其在一個無法勝任的崗位勉強支撐、無所適從，不如找一個遊刃有餘的崗位，好好發揮自己的專長。

這種現象在企業與社會生活中無處不在：一名稱職的教授被提升為大學校長後，卻無法勝任；一個優秀的運動員被提升為主管體育的官員，卻無所作為。對一個組織而言，一旦相當部分人員被推到其不稱職的級別，就會造成組織的人浮於事，效率低下，導致平庸者出人頭地，發展停滯。

在企業中，這種現象出現的更頻繁，一個優秀的員工，要獎勵也為鼓舞其他員工，但礙於工資級別的關係，只能提升為主管；一個稱職的主管也會因其貢獻被提拔為經理，但往往提拔後，該員工難以開展工作，又不能退下來，唯有離職。所以常常是越優秀的員工越容易離職，這種原因是首要的，比被別的企業高薪挖走的比率更高。

因此，這就要求改變單純的根據貢獻決定晉升的企業員工晉升機制，不能因某人在某個崗位上幹得很出色，就推斷此人一定能夠勝任更高一級的職務。將一名職工晉升到一個無法很好發揮才能的崗位，不僅不是對本人的獎勵，反而使其無法很好發揮才能，也給企業帶來損失。也正因此，如何用正確的績效方式留住優秀員工才是很多企業應該考慮的事項。

為了慎重的考察一個人能否勝任更高的位置，最好採用臨時性或者非正式性的提拔。這樣可以觀察他的能力和表現，以儘量避免降職所帶來的負面影響。比如，設立助理的職位，或者代理主管、代理經理的職位——公司可以在這個職位中作為儲備和考察。

一些企業等到現任管理幹部離開的時候，才發現沒有人可以接替，匆忙之中提拔上來，結果又發現能力不夠，這個時候最為難，因為換也不好換，降又不好降，換一個新的能不能稱職也沒有把握。所以，不要等到口渴的時候才去挖井，要把人才儲備做到平時。

「彼得原理」的原則是不要把因為「資歷豐富」作為理所當然的升遷，也不要因噎廢食，因為企業在平常就必須做好了人才儲備，這才是今日企業萬無一失的領導管理技術！

前言

所謂「定律」，就是客觀規律的概括，它體現了人類的行為與事物之間，在環境中所形成的必然關係。而這種必然關係的發生頻率到後來就成為人們的經驗法則，定律就是這種經驗法則所積累而統計得出的結果。

另外，「定律」是在科學上指被實踐證明的，反應事物在一定條件下發展的變化規律的論斷；定律是一種理論模型，是由不變的事實規律所歸納出的結論，是對客觀事實的一種表達形式，通過大量具體的客觀事實經驗累積歸納而成的結論。

「定律」的適用範圍非常廣泛，它揭示了一種獨特的社會及自然現象。

例如，大家所熟悉的「墨菲定律」——

愛德華・墨菲是一名工程師，他曾參加美國空軍於1949年進行的MX981實驗。這個實驗的目的是為了測定人類對加速度的承受極限。其中有一個實驗項目是：將16個火箭加速度計懸空裝置在受試者上方，當時有兩種方法可以將加速度計固定在支架上。不可思議的是，竟然有人有條不紊地將16個加速度計全部裝在錯誤的位置。墨菲通過這個事件，作出了這一著名的論斷：「如果有兩種選擇，其中一種將導致災難，則必定有人會作出這種選擇。」

墨菲的這個定律，逐漸成為西方人口中常用的俚語。用來描述：「事情往往會向你所想到的不好的方向發展，只要有這個可能性。」比如，你衣袋裡有兩把鑰匙，一把是你房間的，一把是汽車的，如果你現在想拿出車鑰匙，會發生什麼？是的，你往往是拿錯房間鑰匙。

一般除了定律、定理、原理、法則……等專用名詞外，我們還會常見到一個字眼，那就是「效應」。「效應」是指在有限環境下一些因素和一些結果所構成的因果關係，它多用於一種自然現象和社會現象的描述。「效應」一詞使用的範圍相當廣泛，並不一定是指嚴格的科學定理或定律。

本書的目的並不是「學習」，而是愉快的「思考」。她以心理學的角度，在我們的生活中增加一些科學性的、趣味性的探索路徑！如能博得您的歡心，就是編者最大的榮幸了！

第一章　管理學的經典定律／015

第二章　從經驗中學習經驗／077

第五章 心理學的影響力／237

第一章

管理學的經典定律

I・彼得原理

——給每一個人找到適合他的位置

管理學家勞倫斯・彼得，一九一九年生於加拿大的溫哥華，一九五七年獲美國華盛頓州立大學學士學位，六年後又獲得該校教育哲學博士學位，他閱歷豐富，博學多才，著述頗豐，他的名字還被收入了《美國名人榜》、《美國科學界名人錄》和《國際名人傳記辭典》等辭書中。

「彼得原理」正是他根據千百個有關組織中不能勝任的失敗實例的分析而歸納出來的。其具體內容是：「在一個等級制度中，每個員工趨向於上升到他所不能勝任的地位。」彼得指出，每一個員工由於在原有職位上工作成績表現良好（代表相當能勝任），於是就將他提升到更高一級的職位；其後，如果繼續勝任則將進一步被提升，直至到達他所不能勝任的職位。由此導出的推論是：「每一個職位最終都將被一個不能勝任其工作的員工所占據。層級組織的工作任務多半是由尚未達到勝任階層的員工來完成的。」每一個員工最終都將達到彼得高地（能力的頂點），在該處他的提升商數（心理智慧商數PQ）為零。

彼得認為，由於彼得原理的推出，使他「無意間」創設了一門新的科學——層級組織學（Hierarchiology）。該科學是解開所有階層制度之謎的鑰匙，因此也是瞭解整個文明結構的關鍵所在。凡是置身於商業、工業、政治、行政、軍事、宗教、教育各界的每個人都和層級組織息息相關，亦都受彼得原理的左右或控制。

「在一個等級制度中，每個員工趨向於上升到他所不能勝任的地位。」即前面彼得所指出的，每一個員工由於在原有職位上工作成績表現良好，就將被提升到更高一級的職位；其後，如果繼續勝任則將進一步被提升，直至到達他所不能勝任的職位上。

工作上的不勝任到處都有，你曾經注意過嗎？

我們見過明明優柔寡斷的政客，表面卻假裝成毅然果敢的政治家；我們見過「權威消息來源」誤傳信息，卻把責任推到「情況太難掌握」。懶散傲慢的人民公僕比比皆是；膽怯的軍隊指揮官用豪言壯語替自己打掩護；天生奴顏媚骨的官員，只會向長官拍馬屁根本無法進行為人民服務。

瞧，我們都是成熟的人，面對不道德的宗教名人、貪污腐敗的法官、語無倫次的律師、文筆不通的作家、連單詞都會拼錯的英文老師，我們只能無可奈何地聳聳肩。在大學裡，我們看到書面溝通一貫亂七八糟的行政人員草擬公告；老師上課單調乏味，聲音小得誰都聽不見，要不就是表達能力太差。

既然政、法、教、工各界的所有級別上都存在不勝任，我進而假定其原因在於人事安排的某種固有成規。因此我開始認真研究員工們如何沿著組織階層往上爬，他們晉升之後又發生了些什麼……

在搜集了幾百份個人案例作為研究數據，以下是三個極為典型的例子。

〔第一例〕米尼恩是市公共工程部的維修領班。他是市政府高級官員們最信賴的人物，眾人都稱讚他為人親切、工作態度也相當不錯。

「我喜歡米尼恩。」工程部主管說，「他有良好的判斷力，工作精神很熱忱，總是令人感到愉悅，容易相處。」

就米尼恩的職位而言，這種做法是很合適的——他不參與制定政策，因此也沒必要跟上司們起什麼衝突或搞得不愉快。

後來工程部主管退休了，米尼恩接替了他的職位。他繼續附和每個人的意見。他把上司給他的每一條建議都下達給領班，結果造成政策相互矛盾，計劃頻繁變動，於是整個部門很快陷入混亂狀態。市長、其他官員、納稅人、維修工人以及工會都抱怨連天。

米尼恩繼續對每個人「是」個不停，繼續在上司和下屬之間來來回回地傳遞信息。名義上他是個主管，實際上卻幹著信差的工作。他負責的維修部經常預算超支，無法按計劃完成項目。簡而言之，稱職的領班米尼恩成了不勝任的主管了。

〔第二例〕丁克是瑞斯汽車修理廠一名極為熱心而又聰明的學徒，很快就轉為正式的機修工。在這個崗位上，他能力出眾，不僅擅長診斷汽車的各種疑難雜症，修理時也很有耐心。於是，他被提升為修理車間的領班。

可作為一個領班，他對機械和盡善盡美的熱愛反倒成了短處。不管車間裡有多忙，他總會接下任何自己覺得有趣的工作。「我們會有時間搞定它的！」他說。

他工作起來，不幹到完全滿意是絕不放手的。

他凡事都愛插上一腳，辦公桌邊很少看到他的身影。他常常挽起袖子拆卸引擎，原本該幹這事的人站在旁邊眼睜睜地看著，其他工人幹坐著等待分配新任務。如此一來，車間裡總是積壓了大量工作，交貨時間也經常延誤。

丁克不明白，一般的顧客並不在乎盡善盡美，他們只想按時把車子拿回去！他也不明白，大多數工人關心的是薪水的支票，而不是發動機。因此，丁克跟顧客和下屬都處得不好。他是個稱職的機修師，現在卻成了不勝任的領班。

〔第三例〕再讓我們看看剛離任的著名將軍麥高文的情形吧！他為人熱誠，不拘小節，言談粗獷，蔑視繁文縟節，再加上作戰時又英勇過人，自然成了手下士兵們的偶像。他率領所屬部隊打了很多勝仗。

後來麥高文晉升為陸軍總指揮，他要應付的不再是普通士兵，而是政客和國防部的大官、行政部門的各層級主管以及國會議員們。

他無法遵守必要的行政禮節，也不會說傳統的客套恭維話。他跟所有的高層政要吵架，然後窩回指揮部，成天酗酒、生悶氣。作戰指揮權逐漸落入部下手中。這也就是說，他被晉升到了一個無法勝任的職位上。

因此，彼得在這些案例中找到了一個共同點：員工從稱職的崗位晉升到不能勝任的崗位。彼得認為：每個階層的每一個人，遲早都會走到這一步——從勝任走到不能勝任的位置。

「彼得原理」首次公開發表於一九六〇年9月美國聯邦出資的一次研習會上，聽眾是一群負責教育研究計劃、並剛獲晉升的各級主管，彼得認為他們多數人「只是拼命地想複製一些老掉牙了的統計習題」，於是引入彼得原理說明他們的困境。演說召來了敵意與嘲笑，但是彼得仍然決定以獨特的諷刺手法編寫「彼得原理」，儘管所有案例研究都經過精確編纂，且引用的資料也都符合事實，最後定稿於一九六五年春完成，然後總計有16家之多的出版社無情地拒絕了該書的手稿。

一九六六年，作者只好不甘心地零星在報紙上發表了幾篇述論同一主題的文章，想不到讀者的反應卻異常熱絡，引得各個出版社趨之若鶩。正如彼得在他的自傳中所提到的——

人偶爾會在鏡中瞥見自己的身影而不能立即自我辨認，於是在不自知之前就加以嘲笑一番，這樣的片刻裡正好可以使人進一步認識自己，「彼得原理」扮演的正是那樣一面鏡子。

當時彼得博士的聽眾是一群負責教育研究計劃的主管，因為每位參予者都已經完成了圓滿的提議書，每個人也都已獲得提升——晉升為一項或一項以上的研究計劃的主管。這些人當中有些確實具有研究的能力，但是這和他們獲得的主管職位並無關聯，而其它很多人並不擅於研究計劃，他們只是拚命地複製一些老掉牙的統計習題罷了。

於是，彼得博士決心向他們推介彼得原理，用來說明他們的困境。他們聽了之後，敵意、嘲笑兼而有之。有一名年輕的統計員捧腹大笑，並從椅子上跌下來。他向別人解釋說，他的強烈反應是被彼得博士具有冒犯意味的幽默演說所惹起的。而在同一時刻，他卻沒有注意到區域研究主管——他的頂頭上司的臉一陣紅一陣紫。

當時一位著名的記者胡爾對彼得原理很感興趣，他促使彼得博士把天才思想寫成了《彼得原理》這一書籍。但《彼得原理》一書的出版就如前述，可是卻頗費周折，彼得博士一共收到14位不稱職編輯的退稿信。於是他決定採用迂迴法——在他的書中稱為「彼得迂迴法」以促成出版。他和胡爾先生先後在報紙雜誌上撰文介紹彼得原理，公正的讀者反應十分強烈，數月之內，彼得博士收到四百多封讀者來信，邀請他演講和約稿的人也蜂擁而至。

在文章發表引起轟動效應之後，終於有出版商找彼得博士商談出版事宜了。該書於一九六九年2月出版後，慢慢地登上了非小說類暢銷書排行榜的第一名，並一直占據榜首的位置，持續時間長達20周。至今，《彼得原理》已被翻譯成幾十種語言，在世界各地熱銷。更不可思議的是，該書成為許多大學的必讀課程，併成為許多研討會爭相討論的主題。

此外，該書還促成了幾個嚴肅的研究計劃，調查彼得原理的有效性如何，結果每項研究都證實彼得博士的觀察是正確無誤的。

勞倫斯・彼得博士對「彼得原理」的詮釋，成為本世紀以來最具洞察力的社會、心理領域的創見。也是管理學者一致推崇的經濟學實用法則。

現代的層級組織制度，總是從下面來補充由晉升、辭職、退休、解雇和死亡帶來的空缺。人們一直把層級組織中的晉升看作是理所當然的「攀登成功之梯」以及是「爬上權力之梯」。

層級組織通常被比喻為梯子，因為梯子和層級組織確有一些共同的特點。例如，梯子是讓人向上爬的，而且年齡越高，危險越大。

（一）一個收入固定的人，平時能合理地掌握他的錢財。可一旦當他繼承了一筆巨額財產後，他的理財能力就會變得無法勝任了。

（二）在軍隊或政府層級組織中，一個稱職的隨從官晉升為領導時，也會手忙腳亂地突然不稱職。

（三）稱職的科學家當被提升為研究院院長時，也可能會從研究專家學者變成一個不稱職的管理者。

以上各類晉升，之所以滋生不勝任，是因為它需要被提升者具備他以前所在職位所不需要的新能力。

一個一向負責質量工作的雇員，可能會被提升到一個他比較勝任的督監之職。然後，他或許還能升任管理方面的領導，雖然幹起來有點吃力，但是他努力工作，如果層級組織的其它條件有利的話，他還可能達到一種不稱職狀態——做個部門經理，這可能是他所能爬上的最高一層階梯了。

例如：這時他需要花費大量的時間去做日常工作。如果有一群稱職能幹的下屬的支持和幫助，他還可以勉強完成工作。

再由於他看起來還算稱職，加上領導者的威望，他也許會進一步得到晉升，即升任總經理——他現在已經達到了最大不稱職狀態。

作為一名總經理，他的主要責任是制定與公司目標和政策緊密相關的決策，從負責質量工作到應付長遠的目標和更抽象的觀念，他越來越感到力所難及，不僅給公司帶來損失，而且給他個人造成很大的傷害。

某些人很理智地觀察到了這種事實，就可能會決定退出這種劇烈競爭，開始一種全新的、更有價值的生活。

今天，許多人已經開始懷疑這種「爬不完的梯子」的遊戲。他們把老一輩人視為彼得原理的受害者，他們不再熱衷於建立層級組織，而試著發現自己的生活方式——簡單、樂活的日子。

不幸的是，大多數的人並沒有付諸行動，而是樂此不疲。

人們總是以為爬得越高就代表越好，可是環顧四周，我們看到，這種盲目往上爬的「犧牲者」比比皆是。

為了便於分析，我們把員工分成三級：勝任、適度勝任以及不勝任。

奧克曼是萊姆汽車公司的傑出技師，他對目前的職位相當滿意，因為不需要做太多方案工作。因此，當公司有意調升他做行政工作時，他很想予以回絕。

奧克曼的太太艾瑪，是當地婦女協進會的活躍會員，她鼓勵先生接受這個升遷的機會。如果奧克曼升官，全家的社會地位、經濟能力也會各晉升一級。如此一來她就可以出馬競選婦女協進會的主席，也有能力換部新車、添購新裝，還可以為兒子買輛迷你摩托車了。

奧克曼並不情願用目前的工作，去換辦公室裡那枯燥乏味的工作。但在艾瑪的勸服與嘮叨之下，他終於屈服了。升任六個月之後，奧克曼得了胃潰瘍，醫生告誡他必須滴酒不沾。艾瑪也開始指責奧克曼和新來的女秘書有染，並且把自己競選失敗、失去主席頭銜的責任全部推到他身上。現在奧克曼的工作時間冗長不堪，但卻毫無成就感，因此下班回家後就脾氣暴躁。由於彼此不停的指責和爭吵，奧克曼夫婦的婚姻終於徹底失敗了。

另外一個相反的例子是這樣的：哈里斯是奧克曼的同事，他也是萊姆公司的優秀技師，而且老闆也打算提升他。哈里斯的太太莉莎非常瞭解先生很喜歡目前的工作，他一定不願意花更多的時間坐辦公室，負更多責任。莉莎沒有強迫哈里斯去做一個他不喜歡的工作。因此，哈里斯繼續當一名技師，將胃潰瘍留給奧克曼獨享。

哈里斯一直保持開朗的個性，在社區里是個廣受歡迎的人物，工作之餘，他還擔任社區里青年團體的領袖。鄰居的車如果需要修理，一定都送到萊姆公司，以回報哈里斯平時對公益事業的熱心。哈里斯的老闆知道他是公司不可或缺的寶貴資產，所以為他提供了優厚的紅利、穩定的工作和一切制度內允許的薪水加級。於是，哈里斯買了一輛新車，為莉莎添購新裝，也為兒子買了一輛自行車和棒球手套。哈里斯一家過著舒適美滿的家庭生活，他們夫婦幸福的婚姻令親朋好友非常羨慕。他們在鄰里間享有的美譽，正是奧克曼太太夢寐以求的理想。

每個層級系統都由不同的層級或類別組成，系統中的個體則分別隸屬於各個層級。如果一個人的能力很強，他就會對人類社會產生下面的貢獻，傑出的表現又獲得升遷的機會，這樣他就會從原來勝任的層級晉升到自己無法勝任的層級。

世界上每一種工作，都會碰到無法勝任的人。只要給予充分的時間與升遷機會，這個能力不足的人終究會被調到一個不勝任的職務上，他會在這個位子上原地踏步，把工作搞得一塌糊塗。他的表現不僅會打擊同事的士氣，而且嚴重妨害整個組織的效率。

我們把目光從個人移到組織，就會發現，每一個新興、新建立的層級體系，剛開始都頗有一番作為，但是最後卻不免變成暮氣沉沉的官僚機構。

每個機構在步入窮途末路之前，都曾經有一段黃金歲月。郵政與電報機構、鐵路局、電信事業、航空公司、天然氣公司、電力公司等機構的開始起步和發展階段，都曾經輝煌一時。

在一個新興體系中，因為成長迅速、朝氣蓬勃、創意不斷，所以會表現出高度的效率，新興機構的機動靈活性使員工的才智也得以動用到適當的地方。

在這期間每位員工的工作表現，都會對各自職位的業績有所貢獻。如果一名員工的能力一直很強，那麼他的業績也會持續成長。如果體系中大部分職位均保持良好的業績，那麼整個體系的業績也會不斷地隨著升高。這就是大多數機構早期的發展狀況。

當體系趨漸成熟時，彼得原理提到的癥狀便陸續出現。官僚污染限制了優秀員工的表現，卻保證了無能員工登上更高一級的職位。每一名無能員工都會對工作帶來壞影響，一群無能員工便會使工作呈紊亂狀態。過不了多久，整個體系會步入蕭條期，我們稱這種現象為「體系蕭條」。

適應環境、發揮才智及選擇的自由，都是人性的特點，但「體系蕭條」卻使人性越來越難以彰顯。人類行為深受所屬層級體系的限制與操縱。人類不像毛毛蟲，卻比較像木偶。木偶的外形酷似人類，而其行動則完全受外力控制。

「體系蕭條」下的可憐人類，我們可以用「排隊木偶」一詞來形容，他們會經過上班、打卡、填表、執行無意義的儀式等階段。今天，「排隊木偶」已經形成一股龐大的社會勢力。他們包括普通人、沉默的大眾、多數人、一般人或是消費者。

「排隊木偶」是功能性的人，他對工作的內涵漠不關心，卻對發明更新、更好的官僚程式極度熱衷。他致力於研究行使職務的方法，而非發揮職務的實質內涵。

「排隊木偶」非常注重個人歸屬感。從較廣的層面來看，他會對自己的籍貫、宗教或隸屬於大多數人團體而驕傲不已。

從中級管理階層來看，他可能屬於龐大的機構、商業俱樂部和兄弟會社團。從高級管理階層來看，他特別願加入私人俱樂部或成為高級機構的會員。如果「排隊木偶」地位獲得提升，他就必須被迫面對一個痛苦的抉擇——是做一個有所作為的木偶還是做一個不勝任的可憐蟲。

許多人變成「排隊木偶」後，絲毫沒有危機意識，他們繼續沉溺於排隊的行為模式。教育界、法律界、產業界、政府部門等都在崇尚平庸，個人貢獻不復存在，平庸成為流行時尚，併進而成為典範作風。由平庸人領導的「平庸社會」都由「排隊木偶」全權管理。這些「排隊木偶」被有系統地剝奪了想象力、創造力、天賦、夢想和個人特色。

A君自從進入公立學校開始，就被灌輸不同學科的知識，並用這些知識來處理生活問題。從這種教育制度出來的人，都將成為平庸社會中機械化的角色。當他一旦進入「平庸社會」之後，便被排山倒海般的勢力壓迫著，內心殘存的真實感情無法忠實地表達。剝奪個性的機械化工作方式，會使他進一步喪失自我。最後，他只有公式化地扮演好「排隊木偶」的角色，才能得到滿足感。

在平庸至上的社會中，一切崇尚大眾化、通俗化，這個風氣使整個社會口味低落，產品品質也不再精良，而成為一種廉價品。

在平庸至上的社會中，行政組織內的各個部門，都有自我膨脹、敷衍了事的趨勢，組織內的法則、規定和條例不但鉗制了個人行動，也嚴重侵犯了個人生活。

於是，員工們開始感染一種病態心理，他的安全感越來越依賴法則、規定、慣例和有關他職務的紀錄。漸漸地，他便顯露出無知、刻板甚至惡毒的組織偏執狂。他極度重視組織內部的結構、程式與形式，對工作表現或公共服務的品質與效率反而漠不關心。

「平庸社會」對官員施壓，要求他們以正確的方法、小心謹慎的態度，維護組織中的各種慣例。於是，他一味墨守僵化的官場作風，而且對既定程式不知變通，只是盲目服從。由於，他將全副精力投注於服從規定之上，所以根本無暇顧及工作成績，更別說為大眾提供服務了。

就如前述，根據《彼得原理》一書的見解，管理人員有時會被提升到他們所不能勝任的層次。特別是有這樣的情況，管理人員在其職位上取得了成就，從而使他提升到較高的職位，但這一職位所需要的才能卻常常是他所不具備的。這樣的提升會使該管理人員無法勝任工作。這種現象在由銷售、財務、生產等部門經理中選拔總經理時表現得最為突出。

由於表現出色的員工被從原崗位上不斷地提升，直到他們不能勝任為止，但這個過程往往是單向的、不可逆的，也就是說，很少被提升者會回到原來他所勝任的崗位上去。因此，這樣的「提升」最終的結果是：企業中絕大部分職位都由不勝任的人擔任。

這個「推斷」聽來似乎有些可笑，但決非危言聳聽，甚至不少企業中的實際情況確實如此。這樣的現象還會產生另外一種後遺症，就是不勝任的領導可能反而會阻塞了可能的勝任者提升的途徑，其危害之大可見一斑。

對一個組織而言，一旦組織中的相當部分人員被推到了其不稱職的級別，就會造成組織的人浮於事，效率低下，導致平庸者出人頭地，發展停滯。因此，這就要求改變單純的「根據貢獻決定晉升」的企業員工晉升機制，不能因某個人在某一個崗位級別上幹得很出色，就推斷此人一定能夠勝任更高一級的職務。要建立科學、合理的人員選聘機制，客觀評價每一位員工的能力和水平，將員工安排到其可以勝任的崗位。不要把崗位晉升當成對員工的主要獎勵方式，應建立更有效的獎勵機制，更多地以加薪、休假等方式作為獎勵手段。有時將一名員工晉升到一個其無法很好發揮才能的崗位，不僅不是對員工的獎勵，反而使員工無法很好發揮才能，也給企業帶來損失。

對個人而言，雖然我們每個人都期待著不停地升職，但不要將往上爬作為自己的惟一動力。與其在一個無法完全勝任的崗位勉力支撐、無所適從，還不如找一個能游刃有餘的崗位，好好發揮自己的專長。

「彼得原理」讓我們每個人都對自己和周圍其他人的工作、生活現狀進行深深的反思。那就是在一個人的工作和生活中的終極目標：究竟是實現自我價值、還是收穫職位金錢？可悲的是，現在大多數人都以後者為自己的終極目標，但是他們往往沒有發現，其實真正成功的人總是以前者為自己的終極目標，用通俗的話來說，那就是他們是把工作和興趣緊密結合在一起的。

現實中我們總能發現這樣的情況：一個不善言談、喜好技術的工程人員迫於家庭、社會的世俗壓力而努力地向上爬，最終爬到了管理領導崗位，卻由於自己的性格和愛好根本不匹配，從而導致壓力劇增，長期處於心理和生理的亞健康狀態。

類似這樣的錯位現象比比皆是，可怕的是不僅向上爬的員工是這樣的心理，連已經身居高位的領導者也是這樣的思路，他們認為對下屬最大的獎勵就是提拔和晉升，而無視每個人不同的個性、興趣和特質。

所以通過「彼得原理」，我想我們至少可以得到這樣的一些啟示——

第一，要深入瞭解自我，理解一個人工作和生活的終極目的。究竟是實現自我價值、還是僅僅為了毫無意義的升職以及取得高位。

第二，找準自己的合理定位，不要為了不適合自己的目標而努力。

第三，建立科學的用人觀，要人盡其用，每個人都有適合自己的不同的職位。

第四，要有平等的職位觀，職位並無高下之分，只有每個人創造的價值不能簡單的用直接可視的效益來衡量，而應該用間接潛在的效益來衡量。

第五，不但要建立扁平化的組織（只有橫向或減層的組織，而缺少中間的管理層），更要建立扁平化的薪酬體系，那就是所謂的上下層的薪酬不能差距太大。

總之，「彼得原理」解釋了職場中人力資源的級別競爭，以及如何將不適任的人擺在不合適的位置上，反而將人才變成了阻擋公司成長的討厭分子！

2・帕金森定律

——組織人員愈龐大，效率愈低

一九五八年，英國歷史學家、政治學家西瑞爾・諾斯古德・帕金森通過長期調查研究，出版了《帕金森定律》一書。帕金森經過多年調查研究，發現一個人做一件事所耗費的時間差別如此之大：他可以在10分鐘內看完一份報紙，也可以看半天；一個忙人20分鐘可以寄出一疊明信片，但一個無所事事的老太太為了給遠方的外甥女寄張明信片，可以足足花上一整天：找明信片一個鐘頭，尋老花眼鏡一個鐘頭，查地址半個鐘頭，寫問候的話一個鐘頭零一刻……特別是在工作中，工作會自動地膨脹，占滿一個人所有可用的時間，如果時間充裕，他就會放慢工作節奏或是增添其他事務以便用掉所有的時間。

也就是說，一件工作給你一個月，你就會用一個月完成；給你兩個月，你就會用兩個月完成；給你半年完成……反正給多長時間，你就會用多長時間才來完成。

由此得出結論：在行政管理中，行政機構會像金字塔一樣不斷增多，行政人員會不斷膨脹，每個人都很忙，但組織效率越來越低下。這條定律又被稱為「金字塔上升」現象。

「帕金森定律」闡述了機構人員膨脹的原因及後果：一個不稱職的官員，可能有三條出路——

（一）是申請退職，把位子讓給能幹的人；

（二）是讓一位能幹的人來協助自己工作；

（三）是任用兩個水準比自己更低的人來當助手。

這第一條路是萬萬走不得的，因為那樣會喪失許多權力；第二條路也不能走，因為那個能幹的人將會成為自己的對手；那麼，看來只有第三條路最適宜了。於是，兩個平庸的助手分擔了他的工作，他自己則高高在上發號施令。兩個助手既無能，也就上行下效，再為自己找兩個無能的助手。如此類推，就形成了一個機構臃腫、人浮於事、相互扯皮、效率低下的領導體系。

帕金森這個公式揭示了各部門用人越來越多的秘密：部門負責人寧願找兩個比自己水準低的助手也不肯找一個與自己勢均力敵的下屬。這樣必然陷入機構越多越大，扯皮越多而人員增加也越多的惡性循環之中。

帕金森定律並非是老調重彈，缺乏新意，這個定律把我們一些行政機關用人現狀刻畫得入木三分。一些心術不正的政客在政黨選舉勝利後，坐上了部門首長的位置，以權謀私，「舉賢不避親」，竟把那些缺乏基本業務素質的親屬故舊，或欺上瞞下，或弄虛作假，或交換提攜，弄到自己所任職把掌的部門。

於是乎，「七姑八舅」一個個執掌了「帥印」，親屬嫡系「表姐表妹」一個個占據著重要的崗位，而一個個有能力的幹才，或因有些「野心」，或因有些真本領「氣焰」有點「囂張」，而受到輕用、不用，甚至倍受壓制。

其結果——幹的不如看的，看的不如搗蛋的。一個私欲膨脹的行政首長，為一個個低能兒開啟了大門，卻把一批批有為之人拒之門外，於是乎——平庸戰勝了才俊，「牛糞」得到了「鮮花」。

帕金森定律要發生作用，必須同時滿足下面四個缺一不可條件：

一、必須要有一個組織，這個組織必須有其內部運作的活動方式，其中管理要在這個組織中占有一定的地位。這樣的組織很多，大的來講，各種行政部門，帕金森曾在書中舉出英國海軍編制的例子；小的來講，只有一個老闆和一個雇員的小公司，都存在著管理的組織。

二、尋找助手以達到自己目的的不稱職的管理者，本身不具有對權力左右支配的壟斷性。這就是說權力對這個管理者而言，可能會因為做錯某件事或者其他人事的原因而輕易喪失。這個條件是不可少的，否則就不能解釋何以要找兩個不如自己的人做助手而不選擇一個比自己強的人，這樣也就不會產生「鮮花」插在「牛糞」上的現象了。

三、這個管理者能力極其平庸，他在組織中的角色扮演不稱職，如果稱職就不必尋找助手，否則就不能解釋他何以要找幾個助手來協助。

四、這個組織是一個不斷自我要求完善的組織，正因為如此，才能不斷地吸收新人來補充管理隊伍，也才能符合帕金森關於人員編制增長的公式。

可見帕金森定律，必須在一個擁有管理職能，不斷追求完善的組織中，擔負著和自身能力不相匹配的平庸的管理角色，且不具備權力壟斷的人群中才起作用。

那麼反彈琵琶，一個沒有管理職能的組織，比如網路虛擬學術組織，興趣小組之類，不存在帕金森定律闡釋的可怕失能現象。一個不思進取，抱守陳規的組織，不必要引進新人，自然也沒有帕金森定律的困擾；一個擁有絕對權力的人，他不害怕別人攫取權力，也不會去找比他平庸的人做助手；一個能夠承擔他的管理角色的人，沒有必要找一個助手，也不存在帕金森定律的情況。

「帕金森定律」說明這樣一個道理：不稱職的行政首長一旦占據領導崗位，龐雜的機構和過多的冗員便不可避免，平庸的人占據著高位的現象也不可避免，整個行政管理系統就會形成惡性膨脹，陷入難以自拔的泥潭。

帕金森對官僚主義的抨擊絕不僅限於理念的運動，而是建立在大量細緻縝密的調查研究基礎之上。帕金森詳細研究了一九一四年到一九五四年間英國海軍艦艇、官兵數量與海軍部官員人數間的逆向變化，發現行政機構的膨脹與海軍事業的發展沒有必然聯繫，因此譏諷這種「宏偉的陸地海軍」現象。而「在委員和委員會」一節中，帕金森歸納數十個國家內閣組成情況，得出5人內閣最為理想，9人內閣其中必然有人僅是點綴，20人內閣難免派系之爭，超過20人則閣員人數再難控制（會議本來就是浪費時間，與人數多少無關）的結論。

帕金森同時提出一個非常有趣的「低效能係數」，即一個委員會的成員超過20人或21人，組織的工作效率開始降低。這一觀點對許多官方的、半官方的、民間的委員會、理事會、研究會、學會等組織應該有所「借鑒」！

帕金森定律是對官僚機構流弊的辛辣針砭，其手法多為設計一個寓言型的故事，將讀者帶進特定場景，提出問題並作出種種假設，加上誇張幽默的漫畫，啟發讀者自己得出結論，形象而生動。「篩選關鍵人物」設計了一個雞尾酒會，並根據人們通常不太注意的習慣，認為在固定的時間和固定的地點可以找到出席酒會的重要人物，這看起來有些牽強，但誰又能否認「病歷」關於大人物行動規律的分析呢？「養老金」把一個人的任職時間分作十幾年齡段，特別描述了「受挫折年齡」的人物表現——客觀上，不給他機會讓他作出重要決定，他便把條件允許他作的任何決定都當作重要的，他可以為了歸檔的事而大驚小怪，關心鉛筆削得夠不夠尖，熱衷於過問窗子是否開著（或者關著），喜歡用三種顏色的墨水寫字——簡直讓人噴飯，可這偏偏是誰都可見的現實。

管理學者孫繼濱在《卓有成效：管理者的職業習慣》一書中認為，「帕金森定律」是一元思維的表現方式之一，其本質是管理者對分工和協作這兩種權威的混淆。他對帕金森定律做出了如下闡述——

對於管理來說，權威是必須的。權威又可以分為兩種，分工權威和協作權威。我們知道，協作是建立在多分工基礎上的。這就是說，一個協作權威，總會對應多個分工權威。舉例來說，在劉邦團隊中，劉邦就是協作權威，蕭何、張良、韓信就是分工權威。

本書以為，管理者可以不是分工權威，但是，管理者一定要是協作權威。對於管理者來說，權威認同是必須的。同時，需要明確指出的是，真正必須的權威認同，是協作權威認同。真正的管理者，應該行使的是協作權威，而不是分工權威。在這方面，劉邦是值得效仿的光輝榜樣。

令人不安的是，絕大多數人分不清「協作權威」和「分工權威」的不同。他們常常將兩種權威混為一談，或者嚴重低估協作權威的價值，或者試圖魚和熊掌兼得之。他們的傑出代表就是朱元璋。

在歷史上，朱元璋以瘋狂屠殺功臣元勳著稱。對於這種瘋狂，後世最有代表性的解釋是，朱元璋看到皇太子懦弱，擔心自己死後強臣壓主，所以事先消除隱患。

有一則軼聞可為佐證：有一天，皇太子勸說父親不要殺人太多，朱元璋把一根長滿了刺的棍子丟在地上，命皇太子用手拾起來。皇太子一把抓住刺棍，結果給紮破了手掌，並連聲呼痛。朱元璋說：「我事先為你拔除棍上的毒刺，你難道不明白我的苦心嗎？」朱元璋的邏輯很簡單：作為管理者，如果自己強，就成為所有分工的權威；如果自己弱，那就讓所有分工都沒有權威。看得出來，他根本沒有意識到協作權威的存在和價值。

許多管理者贊同朱元璋邏輯。他們要麼投入巨大精力以獲取和維持分工權威，要麼只歡迎對他的分工權威構不成挑戰的人。帕金森定律，就是朱元璋邏輯的一個西方殘缺版本。在我看來，一個管理者，如果不明白協作權威的存在和價值，那麼，無論他是「不稱職的官員」還是「能幹的人」，都算不上是真正的管理者。因為，他發揮不出分工協作的力量。

朱元璋邏輯的本質是什麼——即一元思維。所謂「一元思維」，就是在一個組織內，權威只能有一個。「一元思維」的人，深信「一山不容二虎」。他們相信組織只需要一個權威。當沒有自信時，他們會相信並擁護他人成為那個唯一。當自信滿滿時，他們會理所應當地將自己視為是那個唯一。

在職場上，相當多的管理者具有突出的一元思維行為特徵。他們或者投入巨大精力以維持自己的「技術優勢」，或者只歡迎對他的技術權威構不成挑戰的團隊成員。這似乎不難理解。管理者的前身是技術者。成為技術權威是他們有所作為的最好證明，是他們建立自尊形象的必然要求。多年的專業奮鬥之下，「分工權威」的自我認同，便瓜熟蒂落水到渠成了。幸運的是，多年的專業奮鬥，讓他們走到了管理者的位置；不幸的是，「分工權威」的自我認同，讓他們遲遲進入不了「協作權威」的角色。

美國加利福尼亞大學的教授查理斯・加非爾德在關於成功因素的調查中發現，那些成功者的身上都具有一些共同特點——與自己競爭，而不是與他人競爭——這些人總是與自己比較，盡自己所能將事情做好。他們喜歡集體協作，懂得集體的智慧才是解決棘手的問題的靈丹妙藥。他們極少去考慮如何將競爭對手打敗。因為他們清楚，一個總是怕他人超過自己的人，就會將精力過多地放在他人身上，過分關注得失。而一個人一旦得失心過重，就只會人為地替己設置成功的障礙，這樣怎麼可能獲得真正的成功呢？

因此，一個具有高超領導力的管理人員，清楚嫉賢妒能：會有意無意地導致破壞性行為，深知團隊裡的某個人成功代表的是團隊的成功，因此他們能站在組織層面思考問題。當然，管理者也是人，也有人的情緒情感。他們一旦意識到自己產生了嫉賢妒能的情緒，會在認同並接納自己這種不良情緒的同時，讓自已的心態保持平衡，同時提醒自己這種情緒情感的危害性，意識到它會對自已的管理工作產生極大的負面影響，進而調整自己的情緒，以積極的態度對待手下的賢能，為他們提供施展才華的平臺，從而提升團隊的創造力與工作效率！

「帕金森定律」告訴我們這樣一個道理——

不稱職的行政首長一旦佔據領導崗位，龐雜的機構和過多的冗雜便不可避免，庸人佔據著高位的現象也不可避免，整個行政管理系統就會形成惡性膨脹，陷入難以自拔的泥潭。

「帕金森定律」給我們項目管理上的啟示是——

1．要敢於削減臃腫機構，克服工作惰性——

在項目管理體制中，如果帕金森定律發揮了作用，那麼管理機構就會像金字塔一樣不斷增多，人員會不斷膨脹，每個人都在忙碌，但工作效率卻越來越低下。因此作為管理者要痛下決心，敢於削減臃腫機構，徹底解決人浮於事、相互扯皮、敷衍塞責現象的發生。要克服工作惰性和思想的局限性，激勵職工緊張而努力地工作。

2．要珍惜時間，提高工作效率——

引導員工，要十分珍惜和合理利用好時間，必須為每一項任務規定完成的最後期限，增強員工的時間觀念，充分利用好時間，爭取事半功倍的效果。項目經理要善於利用關鍵鏈法，制定項目進度，克服帕金森定律。

3．要善於發現人才，敢於重用人才——

作為管理者，不要只用比自己能力低的人。如果長期這樣下去，必然會導致惡性循環，工作效率每況愈下。管理者不僅要獨具慧眼，能夠發現人才、重用人才，還要有容人之量，敢於啟用比自己能力強的人。只有這樣，才有利於人才的脫穎而出，使工作不斷取得進步和成功。

3．墨菲定律

——凡是可能出錯的事，就一定會出錯

「墨菲定律」用一句話解釋是：事情往往會向你所想到的——不好的方向去發展，只要有這個機會。比如說，你口袋裡有兩把鑰匙，一把是你房間的，一把是汽車的；如果你現在想拿出車子鑰匙，到底會發生什麼事呢？是的，你往往是會掏出房間的鑰匙。這就是著名的「墨菲定律」。

愛德華．A．墨菲是美國空軍基地的上尉工程師。一九四九年，他和他的上司史塔普少校，在一次火箭減速超重試驗中，因儀器失靈發生了事故。墨菲發現，測量儀表被一個技術人員裝反了。由此，他得出的教訓是：如果做某項工作有多種方法，而其中有一種方法將導致事故，那麼一定有人會按這種方法去做。

換種說法：假定你把一片乾麵包掉在地毯上，這片麵包的兩面均可能著地。但

假定你把一片一面塗有果醬的麵包掉在地毯上，常常是帶有果醬的那一面落在地板上。在事後的一次記者招待會上，史塔普將其稱為「墨菲法則」，並以極為簡潔的方式作了重新表述：「凡事可能出岔子，就一定會出岔子。」墨菲法則在技術界不脛而走，因為它道出了一個鐵的事實：技術風險能夠由可能性變為突發性的事實。

墨菲定律的適用範圍非常廣泛，它揭示了一種獨特的社會及自然現象。它的極端表述是：如果壞事有可能發生，不管這種可能性有多小，它總會發生，並造成最大可能的破壞。

「墨菲定律」、「帕金森定律」以及「彼得原理」——並稱為二十世紀西方文明的三大發現。

「墨菲定律」主要內容有——

一、任何事都沒有表面看起來那麼簡單；

二、所有的事都會比你預計的時間長；

三、會出錯的事總會出錯；

四、如果你擔心某種情況發生，那麼它就更有可能發生。

「墨菲定律」的根本內容是「凡是可能出錯的事有很大概率會出錯」，指的是任何一個事件，只要具有大於零的概率，就不能夠假設它不會發生。

西方的「墨菲定律」是這樣說的：Anything that can go wrong will go wrong.

（凡事只要有可能出錯，那就一定會出錯。）

「墨菲定律」的原話是這樣說的：If there are two or more ways to do something, and one of those ways can result in a catastrophe, then someone will do it.

（如果有兩種或兩種以上的方式去做某件事情，而其中一種選擇方式將導致災難，則必定有人會作出這種選擇。）

現在我們以下面兩個事件，來說明墨菲定律——

一、「哥倫比亞號」太空梭事件

二〇〇三年美國「哥倫比亞號」太空梭即將返回地面時，在美國德克薩斯州中部地區上空解體，機上6名美國宇航員以及首位進入太空的以色列宇航員拉蒙全部遇難。「哥倫比亞號」太空梭失事也印證了「墨菲定律」。如此複雜的系統是一定要出事的，不是今天，就是明天，合情合理。一次事故之後，人們總是要積極尋找原因，以防止下一次事故，這是人的一般理性都能夠理解的，否則，或者從此放棄航天事業，或者聽任下一次事故再次發生，這都不是一個國家能夠接受的結果。

人永遠也不可能成為上帝，當你妄自尊大時，「墨菲定律」會叫你知道厲害；相反，如果你承認自己的無知，「墨菲定律」會幫助你做得更嚴密些。

這其實是概率在起作用，人算不如天算，如老話說的「上的山多終遇虎」。還有「禍不單行」。如彩票，連著幾期沒大獎，最後必定滾出一個千萬大獎來，災禍發生的概率雖然也很小，但累積到一定程度，也會從最薄弱環節爆發。所以關鍵是要平時清掃死角，消除不安全隱患，降低事故概率。

二、馬航失聯事件

二〇一四年3月8日馬航MH370航班失聯客機事件，經過了十個月後搜救行動卻一無進展，所有心繫馬航MH370的人們都經歷了最初的深感意外，到反應過來之後的焦慮和迷惑。當時很多媒體都在分析馬航事件，但智通財經網最先播出的金融技術視頻《馬航失聯事件終極分析——致命的墨菲定理》中，主持人史蒂芬用墨菲定理分析馬航失聯客機事件，可以說是一針見血：

墨菲定理第一條——「任何事都沒有表面看起來那麼簡單」：馬航客機失聯後，眾說紛云，馬來西亞當局隱瞞信息，史蒂芬認為事件看起來沒有那麼簡單。

墨菲定理第二條——「所有的事都會比你預計的時間長」：智通財經網史蒂芬講到了目前各國搜尋工作，還是沒有找到有價值的線索，馬航客機搜救時間，比很多人預計的時間還長，最終也沒找出什麼。

墨菲定理第三條——「會出錯的事總會出錯」：在《馬航失聯事件終極分析——致命的墨菲定理》的視頻中，史蒂芬描述了在二〇一二年8月9日，MH370航班所用的這家波音777-200型客機發生過一次意外。當時它在上海浦東機場與東方航空的MU583航班（機型為A340-600）在右道口發生擦撞，被蹭斷了右機翼。雖然馬航當時對受傷的機翼進行了維修，但這難保這架受過傷的飛機在今後不再出事。

按照馬航失聯事件發生後某空管人士的說法，這次事件也有可能是由二〇一二年那次事故的後遺症引發的。「波音777-200型客機如果維修不當、舊傷復發，可能導致轉彎時一部分機翼解體。這也可以解釋它為什麼最後一次數據聯絡會報出下降200米加近360度大角度轉彎，飛機如果解體，求救信號也發不出來。」

墨菲定理第四條——「如果你擔心某種情況發生，那麼它就更有可能發生」：

二〇一三年7月6日，一架南韓亞洲航空公司波音777-200型客機在美國舊金山國際機場降落過程中發生事故，燃起大火。事故造成二名中國學生死亡，百餘人受傷。而馬航失聯飛機與韓亞空難機型一樣，都是老式舊款的波音客機，很多人擔心會再次出現類似的事故。儘管就目前公佈的各種數據而言，也有人說馬航失聯客機是劫機事件，但馬航客機載油量正常最多可飛8小時，至今還沒有搜查到降落的場地，極可能是機身故障墜毀。

「墨菲定律」誕生於二十世紀中葉，這正是一個經濟飛速發展，科技不斷進步，人類真正成為世界主宰的時代。在這個時代，處處瀰漫著樂觀主義的精神：人類取得了對自然、對疾病以及其他限制的勝利，並將不斷擴大優勢；我們不但飛上了天空，而且飛向太空……我們能夠隨心所欲地改造世界的面貌，這一切似乎昭示著：一切問題都是可以解決的。無論是怎樣的困難和挑戰，我們總能找到一種辦法或模式來克服它、打敗它。

正是這種盲目的樂觀主義，使我們忘記了對於亘古長存的茫茫宇宙來說，我們的智慧只能是幼稚和膚淺的。世界無比龐大複雜。人類雖很聰明，並且正變得越來越聰明，但永遠也不能徹底瞭解世間的萬事萬物。人類還有個難免的弱點，就是容易犯錯誤，永遠會犯錯誤。正是因為這兩個原因，世界上大大小小的不幸事故、災難才得以發生。

近半個世紀以來，「墨菲定律」曾經攪得世界人心神不寧，它提醒我們：我們解決問題的手段越高明，我們將要面臨的麻煩就越嚴重。事故照舊還會發生，永遠會發生。「墨菲定律」忠告人們：面對人類的自身缺陷，我們最好還是想得更周到、全面一些，採取多種保險措施，防止偶然發生的人為失誤導致的災難和損失。歸根到底，「錯誤」與我們一樣，都是這個世界的一部分，狂妄自大只會使我們自討苦吃，我們必須學會如何接受錯誤，並不斷從中學習成功的經驗。

我們都有這樣的體會，如果在街上準備攔一輛車去赴一個時間緊迫的約會，你會發現街上所有的計程車不是有客就是根本不搭理你，而當你不需要租車的時候，卻發現有很多空車在你周圍游弋，只要你一揚手，車隨時就會停在你的面前。

如果一個月前在浴室打碎鏡子，儘管仔細檢查和沖刷，也不敢光著腳走路，等過了一段時間確定沒有危險了，不幸的事還是照樣發生，你還是被碎玻璃扎了腳。

「墨菲定律」告訴我們，容易犯錯誤是人類與生俱來的弱點，不論科技多發達，事故都會發生。而且我們解決問題的手段越高明，面臨的麻煩就越嚴重。所以，我們在事前應該是儘可能地想得周到、全面一些，如果真的發生不幸或者損失，就笑著應對吧，關鍵在於總結所犯的錯誤，而不是企圖掩蓋它。

墨菲定律是一種客觀存在。要在企業管理、日常工作和生活中防範可能導致的惡性後果，必須從行為、技術、機制、環境等多方面因素入手，而對其在思想心理上的重視無疑要放到首位。

防微杜漸，小的隱患者不消除，就有可能擴大增長，其造成事故的概率也會慢慢增加。這對於巨大、複雜的技術系統來說尤為可怕。

要具備更強度的抗壓能耐，著淡壓力，持平常心。因面臨壓力太大而心態失常，這是導致悲劇發生的最常見原因之一。

做事謹守本份，別心存僥倖、不守規則，有因必有果是常見的災難發生模式。

在心理學上有一定根據，即負而心理暗示會對人的心態及行為造成不良影響。要打破墨菲定律的「詛咒」，就要有堅定的自信，穩定的心態，積極的心理暗示，以肯定式的語言做表述，對自卑感等負面情緒或不良念頭採取零容忍策略，一旦察覺立即打消。即使遭遇挫折，也要有「盡人事聽天命」的覺悟，充分發揮自身潛力勇敢應對，始終以正面、陽光的心態面對生活。

那麼如何預防負面情緒的不良發展呢？

一、儘量避免感情用事，控制情緒，抵制煩惱。可以遵循以下四個要訣：

(1) 照著正確的解決方法去做；

(2) 盡量收集資料，找出讓你煩惱的原因；

(3) 衡量資料的重要性，並找出對付的方法：

(4) 觀察事情進行得是否順利。

二、不要衝動地去做一件事，把問題和其他有關係的事情再慎重考慮一遍。

三、壓力太大的時候。稍微休息一下。

四、為了切合實際，不要嫌麻煩，再檢查一遍。

五、按部就班地從事情發生的過程中提出解決辦法，不要妄下斷言。

六、和自己的意思對照一下，看看自己所做的決定是否違背心意。

那麼，我們如何從墨菲定律來做好安全管理

一、正確認識墨菲定律

對待這個定律，安全管理者存在著兩種截然不同的態度：一種是消極的態度，認為既然差錯是不可避免的，事故遲早會發生，那麼，管理者就難有作為；另一種是積極的態度，認為差錯雖不可避免，事故遲早要發生的，那麼安全管理者就不能有絲毫放鬆的思想，要時刻提高警覺，防止事故發生，保證安全。

正確的思維方式是後者。根據墨菲定律可得到如下兩點啟示：

一、**不能忽視小概率危險事件**——由於小概率事件在一次實驗或活動中發生的可能性很小，因此，就給人們一種錯誤的理解，即在一次活動中不會發生。與事實相反，正是由於這種錯覺，麻痺了人們的安全意識，加大了事故發生的可能性，其結果是事故可能頻繁發生。縱觀無數的大小事故原因，可以得出結論：「認為小概率事件不會發生」是導致僥幸心理和麻痹大意思想的根本原因。墨菲定律正是從強調小概率事件的重要性的角度明確指出：雖然危險事件發生的概率很小，但在一次實驗（或活動）中，仍可能發生，因此，不能忽視，必須引起高度重視。

二、墨菲定律是安全管理過程中的長鳴警鐘——安全管理的目標是杜絕事故的發生，而事故是一種不經常發生和不希望有的意外事件，這些意外事件發生的概率一般比較小，就是人們所稱的小概率事件。由於這些小概率事件在大多數情況下不發生，所以，往往被人們忽視，產生僥幸心理和麻痹大意思想，這恰恰是事故發生的主觀原因。墨菲定律告誡人們，安全意識時刻不能放鬆。要想保證安全，必須從現在做起，從我做起，採取積極的預防方法、手段和措施，消除人們不希望有的和意外的事件。

二、發揮警示職能，提高安全管理水平

安全管理的警示職能是指在人們從事生產勞動和有關活動之前將危及安全的危險因素和發生事故的可能性找出來，告誡有關人員註意並引起操作人員的重視，從而確保其活動處於安全狀態的一種管理活動。由墨菲定律揭示的兩點啟示可以看出，它是安全管理的一項重要職能，對於提高安全管理水平具有重要的現實意義。在安全管理中，警示職能將發揮如下作用：

一、**警示職能是安全管理中預防控制職能得以發揮的先決條件**——任何管理，都

具有控制職能。由於不安全狀態具有突發性的特點，使安全管理不得不在人們活動之前採取一定的控制措施、方法和手段，防止事故發生。這說明安全管理控制職能的實質內核是預防，堅持預防為主是安全管理的一條重要原則。墨菲定律指出：只要客觀上存在危險，那麼危險遲早會變成為不安全的現實狀態。所以，預防和控制的前提是要預知人們活動領域里固有的或潛在的危險，並告誡人們預防什麼，並如何去控制。

二、**發揮警示職能，有利於強化安全意識**——安全管理的警示職能具有警示、警告之意，它要求人們不僅要重視發生頻率高、危險性大的危險事件，而且要重視小概率事件；在思想上不僅要消除麻痹大意思想，而且要克服僥幸心理，使有關人員的安全意識時刻不能放鬆，這正是安全管理的一項重要任務。

三、**發揮警示職能，變被動管理為主動管理**——傳統安全管理是被動的安全管理，是在人們活動中採取安全措施或事故發生後，通過總結教訓，進行「亡羊補牢」式的管理。當今，科學技術迅猛發展，市場經濟導致個別人員的價值取向、行為方式不斷變化，新的危險不斷出現，發生事故的誘因增多，而傳統安全管理模式已難於適應當前情況。為此，要求人們不僅要重視已有的危險，還要主動地去識別新的危險，變事後管理為事前與事後管理相結合，變被動管理為主動管理，牢牢掌握安全管理的主動權。

四、發揮警示職能，提高全員參加安全管理的自覺性——安全狀態如何，是各級各類人員活動行為的綜合反映，個體的不安全行為往往禍及全體。因此，安全管理不僅僅是領導者的事，更與全體人員的參與密切相關。根據心理學原理，調動全體人員參加安全管理積極性的途徑通常有兩條：①激勵：即調動積極性的正誘因，如獎勵、改善工作環境等正面刺激；②形成壓力：即調動積極性的負誘因，如懲罰、警告等負面刺激。對於安全問題，負面刺激比正面刺激更重要，這是因為安全是人類生存的基本需要，如果安全，則被認為是正常的；若不安全，一旦發生事故會更加引起人們的高度重視。因此，不安全比安全更能引起人們的注意。墨菲定律正是從此意義上揭示了在安全問題上要時刻提高警惕，人人都必須關注安全問題的科學道理。這對於提高全員參加安全管理的自覺性，將產生積極的影響。

總之，墨菲定律的內容並不複雜，道理也不深奧，關鍵在於它揭示了在安全管理中人們為什麼不能忽視小概率事件的科學道理；揭示了安全管理必須發揮警示職能，堅持預防為主原則的重要意義；同時指出，對於人們進行安全教育，提高安全管理水平具有重要的現實意義。

4・藍斯登定律

——給員工快樂的工作環境，提高公司的利益

「藍斯登定律」指的是：你給員工快樂的工作環境，員工給你高效率的工作回報。因為心情愉快的員工，最能給工作熱忱帶來最高的投入，產生最好的效果。

有很多公司管理者，比較喜歡在管理崗位上板起面孔，扮演出一副父親的模樣。他們大概覺得這樣才能贏得下屬的尊重，樹立起自己的權威，從而方便管理。如果那樣的話，就是走入管理的誤區了。現代人的平等意識普遍增強了，板起面孔不能真正成為權威！放下你的尊長意識，去做你下級的朋友吧，你會有更多的快樂，也將使工作更具效率、更富創意，你的事業也終將輝煌！

管理學家經過對人類行為和組織管理的研究，提出了快樂工作的四個原則：

（一）允許表現；

（二）自發的快樂；

（三）信任員工；

（四）重視快樂方式的多樣化。

美國管理學家藍斯登說，跟一位朋友一起工作，遠較在「父親（指長輩類型）」之下，工作有趣得多，你給員工快樂的工作環境，員工給你高效率的工作回報。只要你讓你的員工快樂起來，你就會創造出老闆與夥計之間的雙贏局面！

有關調查結果表明，企業內部生產率最高的群體，不是薪金豐厚的員工，而是工作心情舒暢的員工。愉快的工作環境會使人稱心如意，因而在工作上會特別積極。不愉快的工作環境只會使人內心抵觸，從而嚴重影響工作的效績。

有很多公司管理者，比較喜歡在管理崗位上板起面孔，做出一副老大的模樣。現代人才不甩你那一套！要管理人就要放下身段，把對方當成一家人。

話說，有一隻狐狸不慎掉進井裏，怎麼也爬不上來。口渴的山羊路過井邊，看見了狐狸，就問它井水好不好喝。狐狸眼珠一轉說：「井水非常甜美，你不如下來和我分享。」山羊信以為真，跳了下去，結果被嗆了一鼻子水。它雖然感到不妙，但不得不和狐狸一起想辦法擺脫目前的困境。

狐狸不動聲色地建議說：「你把前腳扒在井壁上，再把頭挺直，我先跳上你的後背。踩著著羊角爬到井外，再把你拉上來。這樣我們都得救了。」山羊同意了。但是，當狐狸踩著他的後背跳出井外後，馬上一溜煙跑了。臨走前它對山羊說：「在沒看清出口之前，別盲目地跳下去！」

春秋戰國時代秦國的國君秦穆公丟失了一匹良馬，被生活在歧山之下的三百多個鄉里人捉得，並把馬吃掉了。官吏抓住這些吃馬人，準備嚴懲。穆公說：「君子不因為牲畜而傷害人。我聽說吃良馬肉不喝酒會傷害人。」於是，穆公賜酒請他們喝，並赦免了這些人。

後來，秦國與晉國之間發生戰爭，秦穆公親自參戰，被晉軍所包圍，穆公受傷了，面臨生命危險。這時歧山之下偷吃良馬肉的三百多人，飛馳沖向晉軍解圍，「皆推鋒爭死，以報食馬之德。」不僅使穆公得以逃脫，反而還活捉了晉君。

良馬被食，秦穆公的惱怒是可想而知的。然而事情已經發生，殺了幾個鄉人，良馬也不復活，而且很可能激起民怒。順水推舟的寬恕這些鄉人不愧為最佳的選擇，而最終的結果也恰恰證明了這一點。

與之鮮明對照的是寓言中的狐狸。狐狸是很典型的過河拆橋型的夥伴，但是山羊是不會再上第二次當的。如果第二次遇到類似的情況，很顯然，狐狸就不會有這種好結果的。寬容的的人只會使自己的路子越來越廣，而心胸狹窄的人只會一步步走向死胡同。

美國西南航空公司的管理者通過處處為員工提供支持，保持了員工對公司的高度認同和工作熱情。西南航空公司要求管理層要經常走近員工，參與一線員工的工作，傾聽員工的心聲，告訴員工關於如何改進工作的建議和思想。與其他服務性質的公司不同的是，西南航空公司並不認為顧客永遠是對的。

公司總裁赫伯·克勒赫說：「實際上，顧客也並不總是對的，他們也經常犯錯。我們經常遇到毒癮者、醉漢或可恥的傢伙。這時我們不說顧客永遠是對的。我們說：你永遠也不要再乘坐西南航空公司的航班了，因為你竟然那樣對待我們的員工。」——這種寧願「得罪」無理的顧客，也要保護自己員工的做法，使得西南航空公司的每一個職員都得到了很好的關照、尊重和愛。員工們則以十倍的熱情和服務來回報顧客。

赫伯．克勒赫說：「也許有其他公司與我們公司的成本相同，也許有其他公司的服務品質與我們公司相同，但有一件事它們是不可能與我們公司一樣的，至少不會很容易，那就是我們的員工對待顧客的精神狀態和態度。」——這正是西南航空公司長期盈利的秘訣所在。

在我們看來，這些公司所運用的一些方法似乎都不足為奇，但要持之以恆地去做這些事情卻並非易事。成功的企業之所以能成功，就在於它一以貫之地做到這一點。讓你的員工快樂起來吧！

那麼，我們要怎樣才能使員工快樂起來呢？美國H．J．亨氏公司的亨利．海因茨告訴了我們答案。

亨氏公司是美國一家有世界級影響的超級食品公司，它的分公司和食品工廠遍及世界各地，年銷售額在六十億美元以上，其創辦者就是亨利・海因茨。

亨利於一八四四年出生於美國的賓夕法尼亞州，很小就開始做種菜賣菜的生意。後來，他創辦了以自己名字命名的亨氏公司，專營食品業務，由於亨利善於經營，公司創辦不久，他就得到了一個「醬菜大王」的稱譽。

到一九〇〇年前後，亨氏公司能夠提供的食品種類，已經超過了二百種，成為美國頗具知名度的食品企業之一。

亨氏公司能取得這樣的成功，與亨利注重在公司內營造融洽的工作氣氛有密切關係。在當時，管理學泰斗泰勒的科學管理方法盛極一時。在這種科學管理方法中，員工被認為是「經濟人」，他們惟一的工作動力，就是物質刺激。所以，在這種管理方法中，業主、管理者與員工的層級關係是森嚴的，毫無情感可言。

但是，亨利不這樣認為。在他看來，金錢固然能促進員工努力工作，但快樂的工作環境對員工的工作促進更大。於是，他從自己做起，率先在公司內部打破了業主與員工的層級關係：他經常和員工打成一片，瞭解他們對工作的想法，瞭解他們的生活困難，並不時地鼓勵他們。亨利每到一個地方，那個地方就談笑風生，其樂融融。他雖然身材矮小，但員工們都很喜歡他，工作起來也特別賣力。

有一次，他出外旅行，但不久就回來了，這讓員工們很納悶。於是有個員工就走上前去追問原因。亨利略帶失望地說：「你們不在身邊，我感覺沒什麼意思！」接著，他安排幾名員工在工廠中央擺放了一個大玻璃箱，在這個玻璃箱裏，竟有一隻巨大的短吻鱷！

亨利面帶微笑，說：「怎麼樣，這傢伙看起來很好玩吧！」在當時，如此巨大的短吻鱷並不容易見到。圍攏過來的員工們在驚愕之餘，都高叫著好玩。亨利接著說道：「我的旅行雖然短暫，但這是我最難忘的記憶！我把它買回來，是希望你們能與我共享快樂！」

正是亨利這種與員工苦樂共享的風度，使亨氏公司的員工們獲得了一個融洽快樂的工作環境，而正是這個環境成就了亨氏公司。亨利的繼任者們繼承了他的這種風度，從而也就獲得了公司今天的輝煌。

給員工快樂的工作環境，讓員工在工作中充滿快樂。快樂的員工，會主動積極地投入工作，可以發揮他們真正的潛力；快樂的員工，會把他們的快樂帶給客戶，能夠保持一個良好的企業形象，擴大銷售利潤；快樂的企業，能夠使快樂成為一種文化，真正的留住有才能的人，產生很強的企業凝聚力。

那麼，要如何做到給員工快樂的工作環境呢？

以領導者而言，您的員工是您的朋友。收起像「撲克牌」一樣的臉，面帶淡淡微笑，能夠給您的員工帶來快樂。把員工當作朋友，在工作之餘如午間休息，晚上下班之後，多進行平等的溝通，清晰界定工作和私人交往，讓每個人保持快樂的心情；進行工作溝通的時候除了特殊情況下，需要強力手段穩住人心，使員工有一個主心骨之外，平等的與員工進行溝通和交流。美麗和諧的工作環境設計，能夠使員工保持良好的心情。適合人性關懷的工作流程設計，使員工感受到企業對他們的關懷無處不在。良好的業餘娛樂活動設計，能夠使員工在快樂中獲得企業認同感，學到新的知識，改善員工之間的關係。在員工遇到困難時，人性化的關懷，能夠使員工內心充滿溫暖。

例如，在幼兒園中，與一位「朋友式」的園長共同工作，這不僅是信任建立的基礎，也是信任建立的結果。幼兒園園長能夠面帶春風、輕鬆自如地與教師們交談，並將這種情緒渲染到了在園的每一個人。正是因為其具有「朋友式」的魅力，而這種魅力又不僅在於將自己視為員工的朋友，且員工也確實將園長視為自己的朋友。在這樣的氛圍中，信任是自然而然產生的，也是自然而然發揮效應的。其效應之一即是快樂——管理者的快樂，員工的快樂，以及最重要的——兒童的快樂。

那麼幼兒園園長在工作中應當如何把握快樂工作的原則呢？

首先，應當允許員工的自由表現。員工對工作的期望絕不僅僅是一份工資，而更多的是工作中的樂趣。尤其是幼兒園教師，更是有很多抱著「愛孩子，才做老師」的態度走進幼兒園孩子的生活中來的。由此，園長在幼兒園基本管理規範之外，不應當過多地約束教師的行為和自由表達的意願，而是應當充分尊重教師的請求，給與教師更大的發揮自由才智的空間，只有這樣，教師才能感到自身價值的實現，從而信任園長、樂於工作；

其次，應當充分信任員工。以結果為導向的管理更需要信任，信任往往有助於快樂的工作。園長應當在整個教學和管理中給與教師積極的信任，這樣，園長只需付出較少的精力和監督，而每一個參與的教師都將獲得更大的自由。這樣，產生出的快樂就會更多，結果也會更好。

最後，還應重視快樂方式的多樣化。每人表達快樂和幸福的方式各有不同，最重要的是能夠體驗到各種各樣的快樂。園長也應當充分認識到這一點，為不同的教師提供適合各自才能發揮的舞臺。教師快樂的豐富多彩，帶給孩子們的，也將是豐富多彩的生活。

5．奧格爾維定律

——善用比我們更優秀的人

「奧格爾維定律」，也稱「奧格威法則」。這個法則主要是告訴我們，當一個領導人要善用比我們更優秀的人。

每個人都雇用比我們自己更強的人，我們就能成為巨人公司，如果你所用的人都比你差，那麼他們就只能做出比你更差的事情——把公司毀了。

「奧格爾維定律」來自這樣一個故事：

美國奧格爾維．馬瑟公司總裁奧格爾維召開了一次董事會，在會議桌上，每個與會的董事面前都擺了一個相同的俄羅斯玩具娃娃。董事們面面相覷，不知何故。奧格爾維說：「大家打開看看吧，那就是你們自己！」於是，他們一一把娃娃打開來看，結果出現的是：大娃娃里有個中娃娃，中娃娃里有個小娃娃。他們繼續打開，裡面的娃娃一個比一個小。最後，當他們打開最裡面的玩具娃娃時，看到了一張奧格爾維題了字的小紙條。

紙條上寫的是：「如果你經常雇用比你弱小的人，將來我們就會變成矮人國，變成一家侏儒公司。相反，如果你每次都雇用比你高大的人，日後我們必定成為一家巨人公司。」

前一句話與從大娃娃到中娃娃再到小娃娃的次序吻合，後一句話與小娃娃到中娃娃再到大娃娃的次序吻合，這些聰明的董事一看就明白了。這件事給每位董事留下很深的印象，在以後的歲月裡，他們都盡力任用有專長的人才。

美國的鋼鐵大王安德魯・卡耐基的墓碑上刻著：「一位知道選用比他本人能力更強的人來為他工作的人安息在這裡。」卡耐基之所以成為鋼鐵大王，並非由於他本人有什麼超人的能力，而是因為他敢用比自己強的人，並能發揮他們的長處。卡耐基曾說過：「即使將我所有工廠、設備、市場和資金全部奪去，但只要保留我的技術人員和組織人員，四年之後，我將仍然是『鋼鐵大王』。」

卡耐基之所以如此自信，就是因為他能有效地發揮人才的價值，善於用那些比他更強的人。卡耐基雖然被稱為「鋼鐵大王」，但他卻是一個對冶金技術一竅不通的門外漢，他的成功完全是因為他卓越的識人和用人才能。他總能找到精通冶金工業技術、擅長發明創造的人才為他服務。比如，世界知名的煉鋼工程專家之一比利・瓊斯，就終日位於匹茲堡的卡耐基鋼鐵公司埋頭苦幹。

堤康次郎（一八八九～一九六四）是日本商界的一代梟雄，經過幾十年的苦心經營，建立起了龐大的西武企業集團。在臨終之際，他卻讓人大大地跌破眼鏡，把接班人的重擔交給了二兒子堤義明，這引起了他的長子堤清二的強烈不滿。

大兒子堤清二是相當精明能幹的，他曾成功地把西武百貨公司從倒閉的邊緣挽救了回來，因此人們普遍認為他才是最理想的接班人，但最終的結局是他只繼承了西武百貨公司，而龐大的家族企業卻全都落到了堤義明的手裏。

堤清二咽不下這口氣，決心下大力氣經營西武百貨公司，向銀行大舉借貸，進行大規模的擴張，試圖以這種方式向世人證明，父親的臨終選擇是極其錯誤的。

堤義明卻牢牢記住父親的臨終教誨，一步一個腳印地穩步發展。堤清二咄咄逼人的攻勢讓他感到十分不安，他看到這種擴張所帶來的極大的市場風險，更可怕的是，如果任其發展下去，必將拖累整個家族企業，使父親創下的龐大基業面臨毀滅的危險。

經過慎重考慮，他做出了一個重大決定，採取大規模的分家行動：把西武百貨公司、西武化學公司合併成西武流通集團，交給哥哥堤清二經營，再把剩下的企業合併成西武鐵道集團，統歸自己管理。

這樣一來，龐大的西武集團就化整為零了，即使堤清二的西武流通集團出現難以預料的危險，也不至於會危及整個家族企業，可以使自己更有效地保存實力。另一方面，將哥哥的企業分離出去，還可以避免哥哥在集團內部對自己進行掣肘，使自己的行動受到不必要的干預。

堤義明的這一決斷是十分英明的，僅僅過了一年，嚴酷的打擊就降臨到了堤清二身上，國際經濟陷入了極其嚴重的蕭條，堤清二使出渾身解數，但還是無濟於事。眼看就要出事了……

這時，堤義明再次果斷出手，從自己的西武鐵道集團中撥出一筆相當驚人的鉅款，把堤清二從困境中挽救了出來。兄弟二人重歸於好，西武集團又合二為一，共謀發展大計。

西武企業集團在堤義明的正確決策下，又得到了很大的發展，父親開創的事業在他的手裏，進一步發揚光大，他也一度佔據了世界首富的寶座，成為全球商界的風雲人物。

「奧格爾維定律」強調的是人才的重要性，一個好的公司固然是因為它有好的產品，有好的硬體設施，有雄厚的財力作為支撐，但最重要的還是要有優秀的人才。光有財、物，並不能帶來任何新的變化，只有具有大批的優秀人才——對公司而言，才是最重要、最根本的。

6・魯尼恩定律

——賽跑時不一定是快的會贏

「魯尼恩定律」是由奧地利經濟學家R・H・魯尼恩所提出的。

它的重點指出：市場競爭是一項長距離的賽跑，一時的領先並不能保證最後的勝利，而一旦發生「陰溝裡翻船」的事，則需要企業花很長的時間去修復，甚至會斷送企業生命。

競爭是一項長距離的賽跑，一時的領先並不能保證最後的勝利，陰溝裡翻船的事並沒少發生。同樣，一時的落後並不代表會永遠落後，奮起直追，你就會成為笑到最後的人。通用汽車公司與福特汽車公司對汽車行業主導權的紛爭，就為我們提供了一個絕佳的案例。

二十世紀初期，汽車還是富人專有的玩具。一九〇三年，亨利・福特建立了福特汽車公司。福特的目標非常明確，就是要製造工人們都買得起的汽車。經過多年的精心研製，亨利・福特終於造出了自己夢想中的汽車。這種T型車堅固結實、容易操縱，售價是825美元。一九〇八年，T型車推向市場，當年就賣出了一萬多輛。接著，福特不斷削減各種成本，到了一九一二年，T型車的售價就降到了575美元，這也是汽車售價第一次低於人們的年均收入。到了一九一三年，福特汽車的年銷量接近25萬輛。

要為大眾製造汽車，就必須讓人們買得起，這就意味著必須要建立一種規模經濟，進行大規模生產，這樣才能降低成本。一次偶然的機會，福特參觀了芝加哥一家肉品包裝廠。當時他看到肉品切割生產線上的電動車將屠宰後的肉品傳送到每位工人面前，工人們只需切割事先指定部位的肉品。福特大受啟發，回來就為自己的公司建立了汽車裝配線。裝配線的建立，讓福特公司擁有了明顯的效率優勢，遠遠勝過了競爭對手。在一九〇八～一九一二年間，裝配線的建立讓汽車售價降低了30％。到了一九一四年，福特公司的一萬三千名工人生產的汽車超過26萬輛。那一年，其他所有汽車製造商總共才生產了28.7萬輛汽車，僅僅比福特公司多出10％。

一九二〇年，美國經濟出現衰退，汽車的需求量也減少了。由於福特汽車的成本很低，因此他們能夠將自己汽車的價格再降低25％。這時的通用汽車公司就無法像福特汽車公司那樣去做，銷售額急劇下滑。到了一九二一年，福特汽車的銷量佔據了整個市場的55％，而通用汽車公司所有汽車的銷量僅僅占了整個市場的11％。

在與福特的競爭中敗下陣來的通用汽車公司總裁斯隆明白，自己不能與福特公司的低成本T型車展開競爭。經過權衡利弊，斯隆認為，福特公司只製造一種類別的汽車，這雖是他們的優勢，但也是他們的劣勢。隨著人們對汽車需求的改變，產品多樣化、消費者分層化應該是汽車發展的一個方向。於是，斯隆為通用汽車公司制定了「滿足各類錢袋、各種要求」的汽車新戰略。參照人們經濟狀況的不同，提供不同價位和檔次的產品。

在斯隆的領導之下，通用汽車公司的業績節節上升。一九二七年5月，它逼迫亨利·福特不得不關閉了自己鍾愛的T型車裝配線，轉而向產品多樣化和分層化方向努力。一九四〇年通用汽車公司的市場份額上升到了45％，而福特汽車公司的市場份額則下跌到16％。斯隆的戰略取得了輝煌成就。

用我們今天的眼光，斯隆當年的改革稀鬆平常，實在普通不過。但在當時，這卻是一個具有革命意義的變革。如果人們只想得到福特汽車公司生產的T型車，而且永遠只想得到T型車，那麼，福特公司高度集中的管理體系或許就會長期佔據主導地位，因為那是生產T型車的最佳途徑。但是，福特公司的管理體系只完全關注公司內部事務，也就是生產本身。斯隆的設計結構則讓通用公司更加貼近市場，適應性更強，也能夠不斷成長發展。亨利·福特沒有想到，一旦人們都擁有汽車，他們的生活就發生了徹底改變。某人購買一輛汽車，可能只是他購買的第一輛汽車。福特從來沒有想到，人們還有可能購買第二輛、第三輛，更樂意購買更好的汽車，這種汽車會更加舒適、強勁、時尚。這一切真的發生了！伴隨著美國經濟的繁榮發展和分期付款購物方式的出現，越來越多的人買得起更好的汽車了。

一位曾經獨自創造了未來的偉人，卻無法忘懷自己昔日的輝煌。假如福特沒有沉醉於自己過去的創造之中，他肯定能預見即將到來的變化。但是，他反應太慢，終於被自己的競爭對手遠遠甩在了後面。當然，亨利·福特的短視並沒有使公司走向毀滅，他通過戰略的調整，最終仍然使公司存活了下來。但有些人則沒有這麼幸運，他們付出了更加昂貴的代價。

第二章

從經驗中學習經驗

Ⅰ・八二定律（80／20法則）

——關鍵的少數，掌握大多數

「八二定律」也叫「八二法則」、「帕累托法則」，是經濟學引用的關鍵少數法則。這個法則說明在社會經濟學中，約僅有20％的變因操縱著80％的局面。

也就是說：所有變量中，最重要的僅有20％，雖然剩餘的80％占了多數，控制的範圍卻遠低於「關鍵的少數」。管理諮詢約瑟夫・朱蘭首先提出該原則。而這個「80／20」的概念是義大利經濟學家帕累托（Vilfredo Pareto）在洛桑大學發現的，並於他的第一篇文章《政治經濟學》中說明了該現象，例如：義大利約有80％的土地由20％的人口所有、80％的豌豆產量來自20％的植株等等。

該原則在現今企業管理中廣泛運用。例如，某家公司的某項產品「80％的銷售額來自20％的客戶」。理察・科赫撰寫了一本「80／20」法則，展示了「帕累托法則」在企業管理和生活中的實際應用。

同時，提出的，他指出：在任何特定群體中，重要的因數通常只占少數，而不重要的因數則占多數，因此只要能控制具有重要性的少數因數即能控制全局。這個原理經過多年的演化，已變成當今管理學界所熟知的「八二定律」——即80％的公司利潤來自20％的重要客戶，其餘20％的利潤則來自80％的普通客戶。

有人說：「美國人的金錢裝在猶太人的口袋裡。」為什麼？因為猶太人認為，有一條78／22的宇宙法則存在。世界上許多事物，都是按78／22這樣的比率存在的。比如空氣中，氮氣占78％，氧氣及其他氣體占22％。人體中的水分占78％，其他為22％等等。他們把這個法則也用在生存和發展之道上，始終堅持八二法則，把精力用在最見成效的地方。

美國企業家威廉·穆爾在為格利登公司銷售油漆時，頭一個月僅掙了160美元。此後，他仔細研究了猶太人經商的「八二法則」，分析了自己的銷售圖表，發現他80％的收益卻來自20％的客戶，但是他過去卻對所有的客戶花費了同樣多的時間——這就是他過去失敗的主要原因。於是，他要求把他最不活躍的36個客戶重新分派給其他銷售人員，而自己則把精力集中到最有希望的客戶上。不久，他一個月就賺到了一千美元。穆爾學會了猶太人經商的八二法則，連續九年從不放棄這一法則，這使他最終成為凱利—穆爾油漆公司的董事長。

不僅猶太人是這樣，許多世界著名的大公司也非常註重八二法則。比如，通用電氣公司永遠把獎勵放在第一，它的薪金和獎勵制度使員工們工作得更快、也更出色，但只獎勵那些完成了高難度工作指標的員工。摩托羅拉公司認為，在一百名員工中，前面25名是好的，後面25名差一些，應該做好兩頭人的工作。對於後25人，要給他們提供發展的機會；對於表現好的，要設法保持他們的激情。諾基亞公司也信奉八二法則，為最優秀的20%的員工設計出一條梯形的獎勵曲線。

「八二定律」不僅在經濟學、管理學領域應用廣泛，它對我們的自身發展也有重要啟示，讓我們學會避免將時間和精力花在瑣事上，要學會抓主要矛盾。一個人的時間和精力都是非常有限的，要想真正「做好每一件事情」幾乎是不可能的，要學會合理分配我們的時間和精力。要想面面俱到還不如重點突破。把80%的資源花在能出關鍵效益的20%的方面，這20%的方面又能帶動其餘80%的發展。

「八二定律」認為：原因和結果、投入和產出、努力和報酬之間本來存在著無法解釋的不平衡。一般來說，投入和努力可以分為兩種不同的類型：

一、多數，它們只能造成少許的影響；

二、少數，它們造成主要的、重大的影響。

一般情形下，產出或報酬是由少數的原因、投入和努力所產生的。原因與結果、投入與產出、努力與報酬之間的關係往往是不平衡的。若以數學方式測量這個不平衡，得到的基準線是一個80／20關係；結果、產出或報酬的80％取決於20％的原因、投入或努力。例如，世界上大約80％的資源是由世界上15％的人口所耗盡的；世界財富的80％為25％的人所擁有；在一個國家的醫療體系中，20％的人口與20％的疾病，會消耗80％的醫療資源。

80／20法則：表明在投入與產出、原因與結果以及努力與報酬之間存在著固有的不平衡。這說明少量的原因、投入和努力會有大量的收穫、產出或回報。只有幾件事情是重要的，大部分都微不足道。

80／20法則：提供了一個較好的基準。一個典型的模式表明，80％的產出源自

20%的投入；80%的結論源自20%的起因；80%的收穫源自20%的努力。

80／20法則：包含在任何時候對原因的靜態分析，而不是動態的。使用80／20法則的藝術在於確認哪些現實中的因素正在起作用並儘可能地被利用。

80／20法則：僅僅是一個比喻和實用基準。真正的數據未必正好是80%或20%。它只說明在多數情況下該關係很可能是不平衡的，並且接近於80／20。

80／20法則：極其靈活多用。「它能有效地適用於任何組織、任何組織中的功能和任何個人工作。」它最大的用處在於：當你分辨出所有隱藏在表面下的作用力時，你就可以把大量精力投入到最大生產力上並防止負面影響的發生。

80／20法則：是如此普遍，凡是認真看待80／20法則的人，都會從中得到有用的認識，有時甚至因此而改變命運。

80／20法則：分析法檢驗兩組類似數據之間的關係，並用來改變它們所描述的關係。一個主要用途是去發現該關係的關鍵起因——20%的投入就有80%的產出，併在取得最佳業績的同時減少資源損耗。

假如20%喝啤酒的人喝掉70%的啤酒，那麼這部分人應該是啤酒製造商注意的對象。儘可能爭取這20%的人來買，最好能進一步增加他們的啤酒消費。啤酒製造商出於實際理由，可能會忽視其餘80％喝啤酒的人，因為他們的消費量只占30％。

同樣的，當一家公司發現自己80％的利潤來自於20％的顧客時，就該努力讓那20％的顧客樂意擴展與它的合作。這樣做，不但比把注意力平均分散給所有的顧客更容易，也更值得。再者，如果公司發現80％的利潤來自於20％的產品，那麼這家公司應該全力來銷售那些高利潤的產品。

80／20分析法的第二個主要用途是對80％的投入只產出20％的生產狀況進行改進，使之發揮有效作用。

80／20的概念如果運用到日常生活中，它能幫助你改變行為並把注意力集中到最重要的20％的事情上。80／20思考的行動結果就是使你以少獲多。使用80／20思考，你必須不斷自問：20％憑什麼因素能導致80％？不要理所當然地認為是你知道的答案，還是用點時間好好想想，得出一份真正的深刻領悟——為什麼人生處處會產生「八二定律」，原因何在？

將80／20法則應用於商務的主要思想就是怎樣以最少的資金和努力來獲取最大的利益和價值。通過實際應用這個原則，任何個人商務都能獲益無限。法則最重要的用法是——「明確你在何處獲利，同樣重要地明確你在哪裡失利。每個實業家都認為他們已經知道，可他們幾乎都錯了。如果他們有正確的概念，那麼整個經營面貌將大為改觀。」

該策略就是找出自己目前正在贏利的地方，它可以是一件產品，一個市場，一種顧客類型，一門技術，一個銷售渠道，一個部門，一個國家，一筆交易，一名員工或一個團隊。充分關注他們並找出自己沒抓住的環節加以解決。

革新是未來競爭優勢的關鍵。如果使用「80／20法則」並考慮以下幾點意見，革新將變得更簡單：

（一）顧客所獲價值的80％與你組織所作努力的20％有關；

（二）產品或服務的利益的80％由成本的20％提供；

（三）在你從事的行業中有80％的利潤由所有商品的20％創造。

（四）你資源的80％僅僅創造了20％的價值，這一比率總是給真正的企業家和改革家創造了以不正當手段牟利的機會。

在商業中，值得應用「80／20法則」的十個頂尖領域

一、**戰略**——除非你用80／20法則仔細觀察過你企業的不同層面並重新制定你的戰略，否則你幾乎不可避免地要為太多人浪費太多精力。「這個法則對確定您的事業發展方向具有極大價值。」

二、**質量**——很小比例的質量缺陷往往造成最頻繁的質量問題。如果你彌補了最關鍵的20％的質量缺口，你將獲得80％的利益。僅僅靠糾正20％的起因，你就可排除80％的客戶投訴。

三、**降低成本**——「所有降低成本的有效技術都採用80／20的洞察力：簡化，通過排除無益活動；集中，在改進的幾個關鍵推動力上；讓數字說話，和業績比較。」降低成本是一項昂貴的業務，請集中你80％的精力花在那些（大概是20％）最有潛力降低成本的地方。

四、**市場**——營銷應致力於提供優質服務，而現有的產品或服務的20％創造了80％的利潤。應該以最大努力來留住為公司提供80％利潤的20％的客戶。

五、**銷售**——監管銷售業績的關鍵是停止考慮平均力量，而要開始考慮80／20法則。留住表現佳的銷售員，讓每個人都能採用取得投入、產出的最高比率的方

法。讓銷售員努力用20％的產品創造80％的銷售額，並把握那些能做成80％生意的和創造80％的利潤的客戶。

六、**信息技術**——投資的回報通常遵循80／20法則：所得利益的80％源自最簡單系統的20％。大多數軟體用80％的時間僅僅完成20％的有效指令。

七、**決策和分析**——收集80％的數據，在最初有效的20％的時間內，作出80％的對策與相關的分析。

八、**庫存管理**——大約80％的存貨僅僅占據所有銷售額的20％。

九、**管理**——任何工程的80％的價值源自20％的行為。

十、**協商**——問題的20％或更少將包含爭議部分的80％的價值；在最後20％的有效時間內將會出現80％的讓步。

要想成功進行管理變革以及成功地將80／20理論運用到你的公司，你需要證明「簡單就是美」並講明原因。除非你明白這一點，否則你永遠都不會放棄你目前業務上沒有效益的80％及其管理費用。

不要單一地應用80／20分析法和策略。像任何簡單而實用的工具，80／20分析法有時會被誤解、誤用，成為經常犯錯誤的藉口。如果不恰當並直接運用80／20分析法，它會讓你誤入歧途。你需要始終警惕，不要犯邏輯上的錯誤。

總之，「帕累托法則」是在社會框架下的一種新的統計學——

在商業運作的啟示是：一個公司的產品，總銷量的80％由其中20％的產品決定，剩下的產品只會貢獻20％的銷量。因此在公司的戰略中，會把80％的資源運用在這20％的產品中，剩下的產品只是作為附帶的產品出現就可以了。

在工作中的作用是：人們在工作的時候，往往只有20％的重點的工作。把自己80％的精力投入到這20％的重點工作中，努力做到最完美；而剩下的工作作為次要的工作，輕鬆加愉快的去完成，這樣才能合理安排自己的工作時間。

因此，如果你能在80／20的法則下，好好思考經營上、工作上以及生活中的方方面面，擬清什麼是主要的、什麼是次要的關係，將會更加合理地安排你的人生。

2・巴納姆效應

——人經常會迷失自我，而去相信他人的暗示

「巴納姆效應」是一九四八年由心理學家伯特倫・佛瑞通過試驗證明的一種心理學現象，以雜技師巴納姆的名字命名，「巴納姆效應」認為每個人都會很容易相信一個籠統的、一般性的人格描述特別適合他。即使這種描述十分空洞，仍然認為反映了自己的人格面貌，哪怕自己根本不是這種人，這也是我們為什麼會感覺星座、算命很準。

「巴納姆效應」又稱佛瑞效應、星相效應。人們常常認為一種籠統的、一般性的人格描述十分準確地揭示了自己的特點，當人們用一些普通、含糊不清、廣泛的形容詞來描述一個人的時候，人們往往很容易就接受這些描述，卻認為描述中所說的就是自己。

正如一位名叫肖曼．巴納姆的著名雜技師在評價自己的表演時說，他之所以很受歡迎是因為節目中包含了每個人都喜歡的成分，所以他的表演使得「每一分鐘都有人上當受騙」。20世紀50年代，心理學家保羅．米爾以著名的美國馬戲團藝人菲尼亞斯．泰勒．巴納姆的名字將佛瑞的實驗結果命名為「巴納姆效應」。

心理學家佛瑞於一九四八年對學生進行一項人格測驗，並根據測驗結果分析。試後學生對測驗結果與本身特質的契合度評分，0分最低，5分最高。事實上，所有學生得到的「個人分析」都是相同的：

「你祈求受到他人喜愛卻對自己吹毛求疵。雖然人格有些缺陷，大體而言，你都有辦法彌補。你擁有可觀的未開發潛能尚未就你的長處發揮。看似強硬、嚴格自律的外在掩蓋著不安與憂慮的內心。許多時候，你嚴重的質疑自己是否做了對的事情或正確的決定。你喜歡一定程度的變動並在受限時感到不滿。你為自己是獨立思想者自豪並且不會接受沒有充分證據的言論。但你認為對他人過度坦率是不明智的。有些時候你外向、親和、充滿社會性，有些時候你卻內向、謹慎而沉默。你的一些抱負是不切實際的」。

結果平均評分為4.26，在評分之後才揭曉，佛瑞是從星座與人格關係的描述中搜集出這些內容。從分析報告的描述可見，很多語句是適用於任何人，這些語句之後以巴納姆來命名。

在巴納姆效應測試的另一個研究當中，學生們用的是明尼蘇達多項人格問卷（MMPI），隨後研究者對報告進行了評價。研究者們先寫下了學生們個性的正確評估，但卻給了學生們兩份評估，其中一份是正確的評估和一份是假造的，也就是使用一些模糊的泛泛而談的評估。在之後，學生們被問他們相信哪一份評估報告最能夠切合自身，有超過一半的學生（59%），相對於那一份真實的，選擇了那份假的評估報告。

在心理學上，「巴納姆效應」產生的原因被認為是「主觀驗證」的作用。主觀驗證能對我們產生影響，主要是因為我們心中想要相信。如果想要相信一件事，我們總可以搜集到各種各樣支持自己的證據。就算是毫不相干的事情，我們還是可以找到一個邏輯讓它符合自己的設想。在我們的頭腦中，「自我」占據了大部分的空間，所有關於「我」的東西都是很重要的。我們的車牌號碼、手機鈴聲、電腦桌面、臥室的牆紙自己都會精心設計，為的就是體現自己獨特的個性。

還有所謂的「諂媚效應」。大部分人更願意相信讓他們自己看起來更正面和更積極的事情。所以他們會認同自己還有很多未能得到發揮的潛力以及自己是喜歡獨立思考的人之類的描述。

此外，從基因角度上來看，每個人幾乎都是一樣的。相似的基因造出了相似的大腦，大腦中相似的機制引發每個人的思維。儘管不同的生長環境，不同的文化背景會對每個人的思維產生影響，但大體上來說，每個人的情感、個性上總有很多共性的。

巴納姆效應在生活中十分普遍。拿算命來說，很多人請教過算命先生後都認為算命先生說得「很準」。其實，那些求助算命的人本身就有易受暗示的特點。當人的情緒處於低落、失意的時候，對生活失去控制感，於是，安全感也受到影響。

一個缺乏安全感的人，心理的依賴性也大大增強，受暗示性就比平時更強了。加上算命先生善於揣摩人的內心感受，稍微能夠理解求助者的感受，求助者立刻會感到一種精神安慰。算命先生接下來再說一段一般的、無關痛癢的話，便會使求助者深信不疑。

愛因斯坦小時候是個十分貪玩的孩子，他的母親常常為此憂心忡忡。母親的再三告誡對他來說如同耳邊風。直到十六歲那年的秋天，有一天上午，父親將正要去河邊釣魚的愛因斯坦給攔住，並給他講了一個故事，正是這個故事改變了愛因斯坦的一生。

父親說：「昨天我和咱們的鄰居傑克大叔去清掃南邊的一個大煙囪，那煙囪只有踩著裡面的鋼筋踏梯才能上去。你傑克大叔在前面，我在後面。我們抓著扶手一階一階的終於爬上去了，下來時，你傑克大叔依舊走在前面，我還是跟在後面。後來，鑽出煙囪，我們發現了一件奇怪的事情：你傑克大叔的後背、臉上全被煙囪里的煙灰蹭黑了，而我身上竟連一點煙灰也沒有。」

愛因斯坦的父親繼續微笑著說：「我看見你傑克大叔的模樣，心想我一定和他一樣，臉髒得像個小丑，於是我就到附近的小河裡去洗了又洗。而你傑克大叔呢，他看我鑽出煙囪時乾乾淨淨的，就以為他也和我一樣乾乾淨淨的，只草草地洗了洗手就上街了。結果，街上的人都笑破了肚子，還以為你傑克大叔是個瘋子呢。」

愛因斯坦聽罷，忍不住和父親一起大笑起來。父親笑完後，鄭重地對他說：

「其實別人誰也不能做你的鏡子，只有自己才是自己的鏡子。拿別人做鏡子，白痴或許會把自己照成天才的。」

在二千年前，古希臘哲人就把「認識你自己」作為銘文，刻在阿波羅神廟的門柱上。然而時至今日，人們不能不遺憾地說，「認識自己」的目標距離我們仍然還很遙遠。探索其原因，我們不能不提到心理學上的「巴納姆效應」

在日常生活中，我們既不可能每時每刻去反省自己，也不可能總把自己放在局外人的地位來觀察自己，於是只能藉助外界信息來認識自己。正因如此，每個人在認識自我時很容易受外界信息的暗示，迷失在環境當中，受到周圍信息的暗示，並把他人的言行作為自己行動的參照。

「巴納姆效應」指的就是這樣一種心理傾向，即人很容易受到來自外界信息的暗示，從而出現自我知覺的偏差，認為一種籠統的、一般性的人格描述十分準確地揭示了自己的特點。

生活中的人們常常習慣於用自己的行為模式來解釋自己的行為後果，卻忽視了行為模式背後的動因才是讓他們走入陷阱中的主要驅動力。其實，心理陷阱都是我們自己製造出來的，而巴納姆效應這個心理陷阱，亦是如此，要不然我們很多人為什麼會相信星座、算命？

要避免「巴納姆效應」，客觀真實地認識自己，有以下幾種途徑：

第一，要學會面對自己——有這樣一個測驗人的情商的題目是：當一個落水昏迷的女人被救起後，她醒來發現自己一絲不掛時，第一個反應會是捂住什麼呢？答案是尖叫一聲，然後用雙手捂著自己的眼睛。

從心理學上來說，這是一個典型的不願面對自己的例子，因為自己有「缺陷」或者自己認為那是缺陷，就通過自己方法把它掩蓋起來，但這種掩蓋實際上也像前面所說的落水女人一樣，因為自己露出了窘境，而把自己眼睛蒙上。所以，要認識自己，首先必須要面對自己。

第二，培養一種收集信息的能力和敏銳的判斷力——很少有人天生就擁有明智和審慎的判斷力，實際上，判斷力是一種在收集信息的基礎上進行決策的能力，信息對於判斷的支持作用不容忽視，沒有相當的信息收集，很難做出明智的決斷。

例如，一個替人割草的孩子打電話給一位陳太太說：「您需不需要割草？」陳太太回答說：「不需要了，我已有了割草工。」這個孩子又說：「我會幫您拔掉花叢中的雜草。」陳太太回答：「我的割草工也做了。」這孩子又說：「我會幫您把草與走道的四周割齊。」陳太太說：「我請的那人也已做了，謝謝你，我不需要新的割草工人。」孩子便掛了電話。孩子的哥哥在一旁問他：「你不是就在陳太太那兒割草打工嗎？為什麼還要打這電話？」孩子帶著得意的笑容說：「我只是想知道我做得有多好！」

這個孩子可以說是十分關心收集針對自己的信息，因此可以預見他的未來成長以及可能取得的成就，絕非是一般小孩子能比。

第三，以人為鏡，通過與自己身邊的人在各方面的比較來認識自己——在比較的時候，對象的選擇至關重要。找不如自己的人作比較，或者拿自己的缺陷與別人的優點比較，都會失之偏頗。因此，要根據自己的實際情況，選擇條件相當的人作比較，找出自己在群體中的合適位置，這樣認識自己，才比較客觀。

第四，通過對重大事件，特別是重大的成功和失敗認識自己——重大事件中獲得的經驗和教訓可以提供瞭解自己的個性、能力的信息，從中發現自己的長處和不足。越是在成功的巔峰和失敗的低谷，就越能反映一個人的真實性格。

有人說「成功時認識自己，失敗時認識朋友」固然有一定的道理，但歸根結底，我們認識的都是自己。無論是成功還是失敗時，都應堅持辨證的觀點，不忽視長處和優點，也要認清短處與不足。

第五，避免第一印象的心理定勢——由於暈輪效應的存在，人們在評價接收到的信息時，無論是人或物，總是存在先入為主，形成認知；以後碰到類似的人或物，都會參考首次認知所形成的記憶，久而久之變形成無意識的心理定勢。

要避免這種無意識的心理定勢，最實用的方法是：自我否定！然後馬上去評估得出的評價和判斷，改變反饋意識。

第六，避免情緒判斷——任何的判斷和選擇，都需要評估收益和風險，這種評估的正確需要理性作為主導，而不是單純「好壞「的感受。（除非這種選擇和判斷就是為了疏解情緒而做的決策）

在有情緒的時候做選擇和判斷，理性就一定會缺失。如果情緒得不到控制或排解，人會因為情緒的存在而使注意力無法保持理性思維。因此，在做選擇和判斷時，最好是將情緒先排解。

控制情緒，也是一種方式；但是控制能力因人對引起刺激源的程度適應能力有關。比如說沉著冷靜的人，情緒失控的閥值要比暴躁的人高一些。

此外，有情緒跟情緒失控是兩種不同的形態，有情緒不一定會表現出來，但卻會影響理性思維。因此，我們在生活中必須注意這個心理的陷阱（巴納姆效應），免於落入它的暗示作用之中。

3．破窗效應

——及時矯正和補救正在發生的問題

「破窗效應」是犯罪學的一個著名理論，該理論由詹姆士・威爾遜以及喬治・凱林提出，並刊於《The Atlantic Monthly》一九八二年3月版的一篇題為《Broken Windows》的文章。此理論認為環境中的不良現象如果被放任存在，會誘使人們仿效，甚至變本加厲。

以一幢有少許破窗的建築為例，如果那些窗不被修理好，可能將會有破壞者破壞更多的窗戶。最終他們甚至會闖入建築內，如果發現無人居住，也許就在那裡定居或者縱火。又或想像一條人行道有些許紙屑，如果無人清理，不久後就會有更多垃圾，最終人們會視若理所當然地將垃圾順手丟棄在地上。因此破窗理論強調著力打擊輕微罪行有助減少更嚴重罪案，應該以「零容忍」的態度面對罪案。

美國史丹福大學心理學家菲利普・辛巴杜於一九六九年進行了一項實驗：他找來兩輛一模一樣的汽車，把其中的一輛停在加州帕洛阿爾托的中產階級社區，而另一輛停在相對雜亂的紐約布朗克斯區。停在布朗克斯的那輛，他把車牌摘掉，把頂棚打開，結果當天就被偷走了。而放在帕洛阿爾托的那一輛，一個星期也無人理睬。後來，辛巴杜用錘子把那輛車的玻璃敲了個大洞。結果呢，僅僅過了幾個小時，它就不見了。

以這項實驗為基礎，政治學家威爾遜和犯罪學家凱林提出了一個「破窗效應」理論，認為：如果有人打壞了一幢建築物的窗戶玻璃，而這扇窗戶又得不到及時的維修，別人就可能受到某些示範性的縱容去打爛更多的窗戶。久而久之，這些破窗戶就給人造成一種無序的感覺，結果在這種公眾麻木不仁的氛圍中，犯罪就會滋生、繁榮起來。

因為被破了一回「窗」，沒有及時發現，沒有及時遏制，接著「窗」就會被別人無數次捅破，結果洞口越來越大，難以修復。即便最後發現了，也已經沒有可以迴旋的餘地了。

雖然在職場中誰都會有犯錯的時候，但是當自己犯下錯誤的那一刻開始，就應該反思自己的做法，也許在大環境面前你沒有辦法改變他人，但你卻能夠管好自己、做好自己，不要讓自己成為那個破「窗」之人。

「破窗效應」也常常出現在股票市場之中。當股票或基金出現虧損時，部分投資者也出現破罐子破摔的心理，想著既然這支股票（基金）已經出現虧損了，那麼不如放手一搏，或許還能早點回本，於是乎就頻繁加減倉，最終的結果就很可能造成虧損加劇，甚至清倉出局。

同時，在股票的買賣中也常常有莊家利用「破窗理論」誘導股民。當某支股票一路下跌，甚至跌破某個關鍵價位時，只要莊家不護盤，那麼跟風的股民就會受到其誘導，紛紛選擇拋出。

而投資市場中，另外一種破窗現象則是反向而行。這種誘利行為在熊市的終點出現的尤為頻繁，它會形成一個誘導信號，誘導投資者不斷追加投資，準備迎接牛市的到來，實則越追越多，越虧越加，最終導致投資者無力承擔。所以投資者在熊市之中也要根據自身的實際情況結合市場形勢做出正確的選擇，不要隨意聽信他人的誘導言論。

我們日常生活中也經常有這樣的體會：桌上的財物，敞開的大門，可能使本無貪念的人心生貪念；對於違反公司程式或廉政規定的行為，有關組織沒有進行嚴肅處理，沒有引起員工的重視，從而使類似行為再次甚至多次重覆發生；對於工作不講求成本效益的行為，有關領導不以為然，（放縱）使下屬員工的浪費行為得不到糾正，反而日趨嚴重等等。

一間房子如果窗戶破了，沒有人去修補，隔不久，其他的窗戶也會莫名其妙地被人打破；一面牆上如果出現一些塗鴉沒有清洗掉，很快牆上就佈滿了亂七八糟、不堪入目的東西。而在一個很乾淨的地方，人們會很不好意思扔垃圾，但是一旦地上有垃圾出現，人們就會（產生從眾心理）毫不猶豫地隨地亂扔垃圾，絲毫不覺得羞愧。這都是「破窗效應」的表現。

在管理實踐中，管理者必須高度警覺那些看起來是個別的、輕微的，但觸犯了公司核心價值的「小的過錯」，並堅持嚴格依法管理。「千里之堤，潰於蟻穴」。不及時修好第一扇被打碎玻璃的窗戶，就可能會帶來無法彌補的損失。

「破窗效應」理論告訴我們：環境對人的心理形成和行為表現具有強烈的暗示

性和誘導性。人會被環境影響，同時人的行為也是環境的一部分，環境好，不文明的舉止也會有所收斂；環境不好，文明的舉止也會受到影響。「破窗」的出現，會助長人們的四種心理形成：

（一）**是「頹喪心理」**——因為壞了的東西沒人修、公家的東西沒人管、環境遭破壞、制度無人遵守、有法不依、執法不嚴、腐敗分子逍遙法外，所以對社會的信任度就會隨之降低。對己對人對社會對未來缺乏信心。懷有這種「頹喪心理」的人，即使有做人的法律的底線、道德的底線、良心的底線，即使主觀上絕不去做壞人，但是消極的言行自覺不自覺地道出了你的情緒和境界來，對人和社會環境產生不利的影響。

（二）**是「棄舊心理」**——懷有這種「棄舊心理」的人往往是這樣一種思維模式「既然已破廢，既然沒人管，那就隨它去吧」。如果一個物件僅僅是因為破損並且具有一定的修復價值就輕易棄掉，則是一種浪費；如果是一項規定、制度、法律僅僅是因為執行的不利或遭到破壞就輕言放棄，就會給管理造成無序，給社會造成混亂的現象。

（三）**是「從眾心理」**——良莠不分、盲目隨從、消極地規避風險與責任；甚至明知是錯誤的，卻要「別人能夠做，我就可以做；別人能夠拿，我就可以拿。」而不考慮應該承擔行為的後果。

（四）是「投機心理」——「投機心理」是一種不想努力就要達到目的的歪曲心理，當看到有機可乘並且能得到既得利益的時候，就會僥倖去試一試。「投機心理」有時是「從眾心理」的階段性、機會性的表現，看見別人這樣做過了，靜觀其變，無「不良」後果，認為時機成熟，於是自己也開始行動。這種非光明正大之人，往往是偷雞不成反蝕一把米，甚至付出慘痛的代價。

這四種心理都是要不得的，它會產生害人害己的不良後果。

當然，「破窗效應」也不是沒有破解的方法。威爾遜和凱林在提出這個理論的時候，是有前提的，一是出現「破窗」，二是「沒有及時修復」。也就是說，只有在「破窗」沒有得到「及時修復」的時候，「破窗效應」，才會應驗。那麼破解方法有哪些呢？

一、要有「好窗」——從「破窗效應」中，我們可以得到這樣一個道理：任何一種不良現象的存在，都在傳遞著一種信息，這種信息會導致不良現象的無限擴展，我們必須高度警覺那些看起來是偶然的、個別的、輕微的「過錯」，如果對這種行為不聞不問、熟視無睹、反應遲鈍或糾正不力，就會縱容更多的人「去打爛更多的窗戶玻璃」，就極有可能演變成不可收拾的惡果。「好窗」對於個人來說，要有鮮明的是非鑒別力，「勿以善小而不為，勿以惡小而為之」，從我做起，從身邊做起，從小事做起，從現在做起；對於組織和團隊來說，要營造良好的工作環境；對於社會來說，要形成良好的社會環境。

所以，一個有智慧的領導者，首先去領導一個環境，然後去領導人，好的環境里若是彼此間充滿了鼓勵與學習、體諒與互動、團結與努力，那麼人們就會在正向能量的環境作用下，受到感染、受到啟迪，發揮出超值的貢獻。「好窗」要精心打造，「好窗」貴在堅固。

二、**要經常「護窗」**——一個制度如果出現紕漏，而沒有去彌補，將會帶來更多的仿效者，從而導致整個制度的崩潰，社會如此，生活如此，一個單位也如此，作為一個領導者和管理者，防漏補缺是應具備的能力之一，「破窗理論」告訴我們：任何制度都是脆弱的，沒有完美和一成不變的制度，人的潛意識是無序的，當制度遭到破壞的時候，人們會傾向於違背制度，而領導者的責任就是要善於發現制度的漏洞，並及時更正過來。樹立「護窗」意識，保護「護窗」行為。「護窗」人人有責，「護窗」貴在經常。

三、要及時「補窗」——因為，一個不起眼的事件或微小的變化，經過不斷地演變放大，對其未來會造成極其巨大影響，或成為決定因素。

就社區失序的情況，凱林與另一學者凱薩琳・科爾斯（Catherine Coles）於一九九六年提出「修補破窗（Fixing Broken Windows）理論」。他們認為執法者應儘早識別及緊密留意和控制高危險群，另外須保護守法的青少年，同時要促進居民參與維持公眾治安及協調社區內不同的團體處理治安問題。

紐約市交通警察局長布拉頓受到了「破窗理論」的啟發。紐約的地鐵被認為是「可以為所欲為、無法無天的場所」，針對紐約地鐵犯罪率的飆升，布拉頓採取的措施是號召所有的交警認真推進有關「生活質量」的法律，他以「破窗理論」為師，雖然地鐵站的重大刑案不斷增加，他卻全力打擊逃票。

結果發現，每七名逃票者中，就有一名是通緝犯；每二十名逃票者中，就有一名攜帶凶器。結果，從抓逃票開始，地鐵站的犯罪率竟然下降，治安大幅好轉。他的做法顯示出，小奸小惡正是暴力犯罪的溫床。因為針對這些看似微小、卻有象徵意義的違章行為大力整頓，卻大大減少了刑事犯罪。

制度化建設在企業管理中已經是老生常談了。但是，現實的情況往往是制度多，有效的執行少。長此以往，企業的發展會很尷尬。對公司員工中發生的「小奸小惡」行為，管理者要引起充分的重視，適當的時候要小題大做，這樣才能防止有人效仿，積重難返。

在日本，有一種稱做「紅牌作戰」的輔助管理活動，目標是提高企業現場環境、效率和產品質量。我們可以引用管理顧問麥金塔的話來形容它的產生背景：

「任意決定物品的存放並不會讓你的工作速度加快，只能使你的尋找時間加倍；你必須分析考慮怎樣才能拿取物品更快捷，並讓大家都能理解這套方案，遵照執行。」

日本企業的「紅牌作戰方式」通過詳細的5S方法：Seiri（整理）、Seiton（整頓）、Seiso（清掃）、Seiketsu（清潔）和Shitsuke（素養）。將不清潔的設備、辦公室和車間貼上具有警示意義的「紅牌」，也將不合理的工作程式或方式增加「紅牌」以促其迅速改觀，從而使工作場所變得整齊清潔，工作環境變得舒幽雅，企業成員都養成做事耐心細緻的好習慣。久而久之，大家都遵守規則，認真工作。實踐證明，這個方法對於保障企業的有效運營起到了非常重要的作用。

最後，舉一個在日常生活中的例子，不知你是否有這種經驗：在馬路邊抽完一根菸之後，正想把菸蒂丟下，才發覺路面十分乾淨，連一張小紙屑也沒有，所以你只好把菸蒂捏在手裡，走著走著經過了一個小巷口，忽然看到一輛自行車的掛籃堆滿了飲料空罐以及各種小垃圾袋，同時地上也有不少的菸蒂……於是，你終於鬆了一口氣，很自然地將手中的菸蒂，彈了出去。然後，像什麼事也沒發生過似地繼續向前走去……想不到前頭正有一個警察拿起簿子，笑嘻嘻地望著你……這就是微小的「破窗效應」，人們如果不從小事做起，就會養成一種陋習，說不定哪天你就會栽在這種不良習慣上，而倒了大楣……

4．木桶定律

——一個水桶能裝多少水，取決於那塊最短的板子

在管理學上有一個著名的「木桶理論」，是指用一個木桶來裝水，如果組成木桶的木板參差不齊，那麼它能盛下的水的容量不是由這個木桶中最長的木板來決定的，而是由這個木桶中最短的木板來決定的，所以它又被稱為「短板效應」。

由此可見，在事物的發展過程中，「短板」的長度，決定其整體發展程度。正如，一件產品品質的高低，取決於那個品質最差的零部件，而不是取決於那個品質最好的零部件；一個組織的整體素質高低，不是取決於這個組織的最優秀分子的素質，而是取決於這個組織中最一般分子的素質一樣。此種現象在管理學中通常被稱為「木桶效應」或「木桶定律」。

「木桶定律」是講一個水桶能裝多少水取決於它最短的那塊木板。一個水桶想

盛滿水，必須每塊木板都一樣平齊且無破損，如果這只桶的木板中有一塊不齊或者某塊木板下面有破洞，這只桶就無法盛滿水。

任何一個組織，可能面臨的一個共同問題，即構成組織的各個部分往往是優劣不齊的，而劣勢部分往往決定整個組織的水準。因此，整個社會與我們每個人都應思考一下自己的「短板」，並儘早補足它。

盛水的木桶是由多塊木板箍成的，盛水量也是由這些木板共同決定的。若其中一塊木板很短，則此木桶的盛水量就被限制，該短板就成了這個木桶盛水量的「限制因素」（即稱之為「短板效應」）。若要使此木桶盛水量增加，只有換掉短板或將其加長才行。人們把這一規律總結為「木桶定律」或「水桶理論」也有人稱作「短板理論」。

一個水桶無論有多高，它盛水的高度取決於其中最低的那塊木板。

其核心內容為：一個水桶盛水的多少，並不取決於桶壁上最高的那塊木塊，而恰恰取決於桶壁上最短的那塊。根據這一核心內容，「水桶理論」還有兩個推論：其一，只有桶壁上的所有木板都足夠高，那水桶才能盛滿水。其二，只要這個水桶裏有一塊不夠高度，水桶裏的水就不可能是滿的。

木桶原理是由美國管理學家彼得提出的。說的是由多塊木板構成的水桶，其價值在於其盛水量的多少，但決定水桶盛水量多少的關鍵因素不是其最長的板塊，而是其最短的板塊。企業組織就像一個框起來的木桶，任何一個不起勁的員工都會拉下整個團隊的正常運作，甚至是妨礙團隊進步的因素。

若僅僅作為一個形象化的比喻，「木桶定律」可謂是極為巧妙和別致的。但隨著它被應用得越來越頻繁，應用場合及範圍也越來越廣泛，已基本由一個單純的比喻上升到了理論的高度。這由許多塊木板組成的「木桶」不僅可象徵一個企業、一個部門、一個廠間班組，也可象徵某一個員工，而「木桶」的最大容量則象徵著整體的實力和競爭力。

現在我們以「木桶定律」的七種變化來做說明：

一、一個木桶的儲水量，還取決於木桶的直徑大小

每個企業都是不同的木桶，所以木桶的大小也不完全一致。直徑大的木桶，儲水量自然要大於其他木桶。各企業在進入市場之初，起步是不完全一樣的，有的基礎紮實，有的基礎薄弱，有的資源面廣，有的資源面窄，這都對企業的最初的發展起到關鍵的作用。

二、在每塊木板都相同的情況下，木桶的儲水量還取決於木桶的形狀

在周長相同的條件下，圓形的面積大於方形的面積。因此圓形木桶是所有形狀的木桶中儲水量最大的，它強調組織結構的運作協調性和向心力，圍繞一個圓心，形成一個最適合自己的圓。

因此，從做企業來說，企業的每一塊資源都要圍繞一個核心，每一個部門都要圍繞這個核心目標而用力，作為總經理來說，偏頗任何一個部門都會對木桶的最後儲水量帶來影響。

三、木桶的最終儲水量，還取決於木桶的使用狀態和相互配合

雖然木桶的儲水量取決於最短板的高度，不過，在特定的使用狀態下，通過相互配合可增加一定的儲水量，如有意識地把木桶向長板方向傾斜，其儲水量就比正立時的木桶多得多；或為了暫時的提升儲水量，可以將長板截下補到短板處，從而提高儲水量。

木桶的長久儲水量，還取決於各木板的配合緊密性，配合要有銜接，沒有空隙，每一塊木板都有其特定的位置和順序，不能出錯。如果每塊木板間的配合不

好，出現縫隙，就會導致漏水。

一個團隊，如果沒有良好的配合意識，不能做好互相的補位和銜接，最終儲水量也不能提高。單個的木板再長也沒用，這樣的木板組合只能說是一堆木板，而不是一個完整的木桶、一個團隊。

如果把木桶比作企業競爭力的支援元素，那麼儲多少水就是企業的真正競爭力，但是，所有的這一切，都是建立在靜止的並且是理想的一種假設為前提：即所有木桶都是放在同等的取水狀態，比如是下雨的天氣，所有木桶都在接收落下來的雨水，並且不管接住的雨水用於何處、如何使用等等。

其實，儲水本身是一個動態過程，經營企業、經營品牌，也並不僅僅是一個儲水的過程，不是儲水越多越好。其實最重要的還在於如何更有效率地儲水和如何使用所儲之水。

四、木桶理論的動態演變

首先，在儲水前要清楚這樣一個疑問，是先有水還是先有桶？先有大木桶還是先有小木桶？按照木桶理論，經營企業必然是先有木桶，再有水，然後不斷調整，從小木桶到大木桶，從短木桶到長木桶，沒有哪只木桶一開始就非常大非常深的。

然而在實踐上，也許是先有水再有木桶，或者是先有不成形的木桶，甚至只有幾塊木板，而不是桶，然後通過這幾塊緊缺的壟斷的木板資源，賺到第一桶金，然後才做出第一個木桶。

其次，儲水量的多少是動態的，目標設定儲多少水，決定於做多少長的木板，而不是越多越好。多了是浪費投資，少了是不求進取。儲水量的多少，有時並不是企業競爭的全部，市場競爭並不是所有木板都超過對手，有時為了競爭需要還故意賣個破碇給對手，而以自己的集中優勢攻別人的相對弱勢取得勝利。當敵眾我寡時，就需要集中本身所具備的優勢予以擊破。這就是相對競爭優勢。

五、木桶理論中水的使用演變

一個木桶，首先它至少要有兩塊最牢固的木板裝成提柄，以能輕鬆提取。這兩塊長板必須能負荷起整個木桶的重量。這就是板塊的明星效應：光光這木桶的板都一樣長，只是說明你有這個儲水潛力，如何發揮潛力及把它運用出來，必須要有一定的借力，運用提或拉的動作操作起來。

從木桶木身來說，一個木桶至少要有兩塊木板比其他木板更長更牢固，才可以在上面裝上借力的提柄，在裝提柄位置的木塊要特別經得起提拉，所謂提綱挈領就是此意。作為企業，必須要培養核心競爭優勢，以這一二點核心優勢能夠統領整個公司的發展。否則只是作為一個光溜溜的木桶，實在困難將它提起。

六、木桶儲水多少還取決於各塊木板的厚度

如果木板的厚度不夠，水桶的直徑越大，木板越長就越危險。我們將員工的技能看作木板的長短，員工的品德看作木板的厚度，對於一個企業來說，企業的發展不僅僅是看他擁有多少有能力的員工，更要看他擁有多少品才都較優秀的員工。如果沒有品德，那麼這個員工對於企業的損害程度與他的技能將成正比。

七、木桶儲水多少還取決於木桶底面的面積

如果一個水桶的底面面積不夠寬，就等於沒有了一個平臺，就會讓員工束縛住了，難以施展手腳。當桶底足夠大時員工們就可以發揮自己的特長，即使再短的板子也需要一定的空間。所以企業必須給員工一個大的桶底，一個大的平臺。才會讓員工慢慢地長高，才會有了發展的機會。

如果把企業的管理水準比做三長兩短的一個木桶，而把企業的生產率或者經營業績比做桶裏裝的水，那影響這家企業的生產率或績效水準高低的決定性因素就是

最短的那塊板。企業的板就是各種資源，如研發、生產、市場、行銷、管理、品質等等。為了做到木桶「容量」的最大化，就要合理配置企業內部各種資源，及時補上最短的那塊「木板」。如果具體到人力資源管理的問題上來說，又可以將木桶視為人力資源管理的績效，木桶的板則分別代表人力資源規劃、工作分析與職位設計、人員的招募甄選和雇用、發展培訓、績效管理、薪酬管理、企業文化等各方面內容。所以，木桶有大小之分，木桶原理也有整體和局部之分，我們所要做的事情就是找到你自己的桶，然後找到那塊最短的板，加高它。對一個企業來說，最短的那塊「板」其實也就是漏洞的同義詞，必須立即想辦法補上。

但是，要想完全克服最薄弱的環節是不可能的，一根鏈條總有最弱的環節，強弱本來就是相對而言的。問題在於你能承擔這個弱點到什麼程度，一旦它已成為阻礙工作的瓶頸，就必須下手了。

除了用人，木桶效應在企業的銷售能力、市場開發能力、服務能力、生產管理能力等方面同樣有效。進一步說，每個企業都有它的薄弱環節。正是這些環節使企業許多資源閒置甚至浪費，發揮不了應有的作用。如常見的互相扯皮、決策低效、實施不力等薄弱環節，都嚴重地影響並制約著企業的發展。

因此，企業要想做好、做強，必須從產品設計、價格政策、管道建設、品牌培植、技術開發、財務監控、隊伍培育、文化理念、戰略定位等各方面一一做到位才行。任何一個環節太薄弱都有可能導致企業在競爭中處於不利位置，最終導致失敗的惡果。

一個企業要想成為一個結實耐用的木桶，首先要想方設法提高所有板子的長度。只有讓所有的板子都維持足夠的高度，才能充分體現團隊精神，完全發揮團隊作用。在這個充滿競爭的年代，越來越多的管理者意識到，只要組織裏有一個員工的能力很弱，就足以影響整個組織達成預期的目標。而要想提高每一個員工的競爭力，並將他們的力量有效地凝聚起來，最好的辦法就是對員工進行教育和培訓。企業培訓是一項有意義而又實實在在的工作，許多著名企業都很重視對員工的培訓。

根據權威的IDC公司的統計，被譽為美國「最佳管理者」的通用汽車公司總裁麥克尼爾宣稱，通用汽車每年的員工培訓費用就達5億美元，並且將成倍增長。惠普公司內部有一項關於管理規範的教育專案，僅僅是這一個培訓專案，研究經費每年就高達數百萬美元。他們不僅研究教育內容，而且還研究哪一種教育方式更易於被人們所接受。

員工培訓實質上就是通過培訓來增大這一個個「木桶」的容量，增強企業的總體實力。而要想提升企業的整體績效，除了對所有員工進行培訓外，更要注重對「短木板」的特訓——非明星員工的開發。

在實際工作中，一般管理者往往更注重對「明星員工」的利用，而忽視對一般員工的利用和開發。如果企業將過多的精力關注於「明星員工」，而忽略了占公司多數的一般員工，會打擊團隊士氣，從而使「明星員工」的才能與團隊合作兩者間失去平衡。而且實踐證明，超級明星很難服從團隊的決定。明星之所以是明星，是因為他們覺得自己和其他人的起點不同，他們需要的是不斷提高標準，挑戰自己。所以，雖然「明星員工」的光芒很容易看見，但占公司人數絕大多數的非明星員工也需要鼓勵。三個臭皮匠，頂個諸葛亮。對「非明星員工」激勵得好，效果可以大大勝過對「明星員工」的激勵。

有一個華訊公司員工，由於與主管的關係不太好，工作時的一些想法不能被肯定，從而憂心忡忡、興致不高。剛巧，摩托羅拉公司需要從華訊借調一名技術人員去協助他們搞市場服務。於是，華訊的總經理在經過深思熟慮後，決定派這位員工去。這位員工很高興，覺得有了一個施展自己拳腳的機會。去之前，總經理只對那位員工簡單交待了幾句：「出去工作，既代表公司，也代表我們個人。怎樣做，不用我教。如果覺得頂不住了，打個電話回來。」

一個月後，摩托羅拉公司打來電話：「你派來的兵還真棒！」

「我還有更好的呢！」華訊的總經理在不忘推銷公司的同時，著實鬆了一口氣。這位員工回來後，部門主管也對他另眼相看，他自己也增添了自信。後來，這位員工對華訊的發展做出了不小的貢獻。

華訊的例子表明，注意對「短木板」的激勵，可以使「短木板」慢慢變長，從而提高企業的總體實力。人力資源管理不能局限於個體的能力和水準，更應把所有的人融合在團隊裏，科學配置，好鋼才能夠用在刀刃上。木板的高低與否有時候不是個人問題，是組織的問題。

所以，在加強木桶盛水能力的過程中，不能夠把「高木板」和「低木板」簡單地對立起來。每一個人都有自己的「高木板」，與其不分青紅皂白地趕他出局，不如發揮他的長處，把他放在適合他的位置上。

最後，在此我們可以得到三種重要的啟示：

〔啟示1〕改變木桶結構可增加儲水量

從木桶原理中，我們可以發現，木桶的最終儲水量，不僅取決於最短的那塊木板，還取決於木桶的使用狀態和木板間的銜接與配合。在特定的使用狀態下，通過相互配合，可在一定程度上增加木桶的儲水量，比如：有意識地把木桶向長板方向傾斜，木桶的儲水量就會比正立時多得多；或為了暫時地提升儲水量，可以將長板截下補到短板處，從而提高木桶儲水量。

〔啟示2〕通過激勵讓「短木板」變長

毫無疑問，在企業中最受歡迎、最受關注的是明星員工，即少數能力超群的員工。管理者往往器重明星員工，而忽視對一般員工的利用和開發。這樣做很容易打擊團隊的士氣，從而使「明星員工」的才能與團隊合作兩者間失去平衡。想要避免這個問題，管理者就需要多關注普通員工，特別是對那些「短板員工」要多一些鼓勵、多一些賞識。

〔啟示3〕別讓「短板」葬送自己

如果把木桶比做人生，那麼「短板」實際上就是我們生命中的一些弱點。比如，很多人不注意個人習慣，導致在生活和工作中出現失誤。缺點和毛病就是人的「短板」，因為它們的存在，制約了一個人才能的發揮。有時候，一些不良的習慣甚至有可能葬送一個人的事業。所以，我們不能被缺點牽著鼻子走，而要主動將「短板」加長，將缺點糾正過來。

在管理學中，領導者往往會碰到長板短板的組織形態，因此要如何順利地利用長板、短板的運作方式，是件刻不容緩的課題。

任何一個組織或許都有一個共同的特點，即構成組織的各個部分往往是優劣不齊的，但劣勢部分卻往往決定著整個組織的水準。問題是「最短的部分」是組織中一個有用的部分，你不能把它當成爛蘋果扔掉，否則你會一點水也裝不了！

劣勢決定優勢，劣勢決定生死，這是市場競爭的殘酷法則。它告訴領導者：在管理過程中，要下工夫狠抓單位的薄弱環節。

領導者要有憂患意識，如果你個人有哪些方面是「最短的一塊」，你應該考慮儘快把它補起來；如果你所領導的集體中存在著「一塊最短的木板」，你一定要迅速將它做長補齊，否則它給你的損失可能是毀滅性的——很多時候，往往就是一件事而毀了所有的努力。每個企業、每家工廠都有這樣「最短的木板」，它有可能是某個人，或是某個部們，或是某件事，領導者應該迅速找出它來，並抓緊做長補齊。有些人也許不知道木桶定律，但都知道一個人可能會拉下整個團隊的成績，於是你便知道木桶定律是多麼重要了。

形容科學研究和事物發展的整體水準比喻。決定一個木桶容量的，既不是最長的，也不是平均長度的，而是最短的那根木板。這意味著必須推進所有的知識前沿，加強整個科學技術事業和組織的結構，才能在競爭中取勝。一個團隊組織的成功，不在於某幾個人，而是所有人的齊頭並進。

運用木桶原理，無論是提高企業管理水準，還是提高科研水準，或是加強班子建設等等，只要是為了提升整體水準，都需要做好以下幾點。

一、補短板——最短那塊木板的高低決定盛水的多少，只有將它補高，木桶才能盛滿水。如果某個人有哪些方面是「最短的一塊」，就應該考慮儘快把它補起來；如果存在著「一塊最短的木板」，就一定要及早將他找出並「固強補弱」，即先鞏固優勢再彌補弱勢。也就是說，要想提高木桶的整體效應，首要的不是繼續增加那些較長的木板的長度，而是要先下工夫補齊最短的那塊木板的長度，消除這塊短板形成的「制約因素」，在此基礎上再鞏固強化「高板」，實現整體功能的最大限度發揮。

二、**消縫隙**——一個木桶上木板間若有縫隙，則即便木板再高，水也會透過縫隙流掉。每一個人都是一塊木板，都有特長和短板，這就要求成員要有大局意識和整體意識，不能有本位主義。只有取長補短、各盡其用，才能發揮所有木板的最大效益。因此，每一名成員都要善於包容別人的缺點，發揮自己的優點，搞好相互間團結，嚴格落實組織生活制度，開展積極的批評與自我批評，努力做到協調同步、做好補位銜接。只有這樣，工作才不會「掛空擋」，才能消除縫隙，增強「緊密度」，形成一個團結而有戰鬥力的強大集體。

三、**緊鐵箍**——木桶之所以能盛水，是因為有鐵箍將有序排列的木板箍緊。如果沒有了鐵箍的約束，木板也只能是散落的個體，發揮不了整體的效能。同樣，只有用嚴格的法規制度來約束集體成員，才能形成整體合力，增強凝聚力戰鬥力，才能讓班子成為一個堅固的「木桶」，迎接各種困難和挑戰。

四、強拎手——裝滿水的木桶能否發揮效能，還取決於是否具有結實耐用的拎手（即把柄提手）。這拎手好比集體的帶路人。集體好不好，關鍵在領導；班子行不行，就看前兩名。他們關係融洽與否、工作配合好壞，直接影響班子的凝聚力、戰鬥力，影響團隊建設的長遠發展。

五、固根底——水桶能否盛滿水、盛住水，最終取決於是否有一個結實的桶底。桶底堅決不能破，不能有漏洞。安全穩定對於一個集體來說，就像是一隻木桶的底，沒有牢固完好的桶底，出了問題，就會功虧一簣。

因此，必須做好抓經常、打基礎的工作，注重從源頭抓起，從安全教育、安全訓練、安全制度、安全環境、安全設施、安全責任等方面把團隊建設的基礎打牢，掌握工作的主動權。

總之，木桶定律實用理論就是——

（一）找出薄弱環節（短板），改進該環節；

（二）再找出改進後的薄弱環節（新的短扳），再改進；

（三）注重「短版」培訓，只要堅持做下去，企業會成長；

（四）「長」，「短」板不一定指人。可以是一個職務部門，一個生產車間或是一項產品。企業的管理者要放開思維，做出綜合考量。

（五）注意取長補短，效率自然會提較高。

5・馬太效應

——好的愈好，壞的愈壞，走向兩極化

「馬太效應」是指好的愈好，壞的愈壞，多的愈多，少的愈少的一種現象。即兩極分化現象。它來自於聖經《新約・馬太福音》中的一則寓言。

一九六八年，美國科學史研究者羅伯特・莫頓提出這個術語用以概括一種社會心理現象：「相對於那些不知名的研究者，聲名顯赫的科學家通常得到更多的聲望即使他們的成就是相似的，同樣地，在同一個項目上，聲譽通常給予那些已經出名的研究者，例如，一個獎項幾乎總是授予最資深的研究者，即使所有工作都是一個研究生完成的。」

此術語後為經濟學界所借用，反映——貧者愈貧，富者愈富，贏家通吃——的經濟學中收入分配不公的現象。

新約全書中馬太福音第25章的寓言——

有一個人要往外國去，就叫了僕人來，把他的家業交給他們。按著各人的才幹，給他們銀子。一個給了五千，一個給了二千，一個給了一千。主人交待之後就往外國去了。那領五千的，隨即拿去做買賣，另外賺了五千。那領二千的，也照樣另賺了二千。但那領一千的，去掘開地，把主人的銀子埋藏了。

過了許久，那些僕人的主人來了，和他們算賬。

那領五千銀子的，又帶著那另外的五千來，說，主阿，你交給我五千銀子，請看，我又賺了五千。主人說，好，你這又良善又忠心的僕人。你在不多的事上有忠心，我把許多事派你管理。可以進來享受你主人的快樂。

那領二千的也來說，主阿，你交給我二千銀子，請看，我又賺了二千。主人說，好，你這又良善又忠心的僕人。你在不多的事上有忠心，我把許多事派你管理。可以進來享受你主人的快樂。

那領一千的，也來說，主阿，我知道你是忍心的人，沒有種的地方要收割，沒有散的地方要聚斂。我就害怕，去把你的一千銀子埋藏在地裡。請看，你的原銀在這裡。主人回答說，你這又惡又懶的僕人，你既知道我沒有種的地方要收割，沒有散的地方要聚斂。就當把我的銀子放給兌換銀錢的人，到我來的時候，可以連本帶利收回。奪過他這一千來，交給那兩千和五千的。他們有生產的就會更多，那沒生產的話就會拿走。

因為凡有的，還要加給他，叫他有餘。
沒有的，連他所有的，也要奪過來。

在此，還有另一版本——

《新約．馬太福音》中有這樣一個故事。一個國王遠行前，交給三個僕人每人一錠銀子，吩咐他們：「你們去做生意，等我回來時，再來見我。」國王回來時，第一個僕人說：「主人，你交給我的一錠銀子，我已賺了十錠。」於是，國王獎勵了他，給他十座城邑。第二個僕人報告說：「主人，你給我的一錠銀子，我已賺了五錠。」於是，國王便獎勵了他五座城邑。第三個僕人報告說：「主人，你給我的一錠銀子，我一直包在手巾裡存著，我怕丟失，一直沒有拿出來。」於是，國王命令將第三個僕人的那錠銀子賞給第一個僕人，並且說：「凡是少的，就連他所有的，也要奪過來。凡是多的，還要給他，叫他多多益善。」

貧者越貧，富者越富。

一步領先，步步領先。

「馬太效應」在社會中廣泛存在，以「經濟領域」為例，國際上關於地區之間發展趨勢主要存在著兩種不同的觀點：

一種是新古典增長理論的「趨同假說」。該假說認為，由於資本的報酬遞減規律，當發達地區出現資本報酬遞減時，資本就會流向還未出現報酬遞減的欠發達地區，其結果是發達地區的增長速度減慢，而欠發達地區的增速加快，最終導致兩類地區發達程度的趨同。

另一種觀點是，當同時考慮到制度、人力資源等因素時，往往會出現另外一種結果，即發達地區與欠發達地區之間呈現「發展趨異」的「馬太效應」。又如，人才危機將是21世紀的一個世界現象，人才占有上的「馬太效應」將更加顯現：占有人才越多的地方，對人才越有吸引力；反過來，被認可的人才越稀缺。此外，在「科學、學術」研究中也存在「馬太效應」，研究成果越多的人往往越有名，越有名的人成果越多，最後就產生了學術權威。

在商業發達的今天，我們來談一談品牌的「馬太效應」。

品牌的馬太效應是指，某個行業或產業的產品或服務，品牌知名度越大，品牌的價值越高，其忠實的消費者就越多，勢必其占有的市場份額就越大。反之，某個行業或產業的產品或服務，品牌知名度越小，品牌的價值越低，其忠實的消費者就越少，勢必其占有的市場份額就越小，將導致利潤減少，被市場淘汰，其讓位的市場將會被品牌知名度高的產品或服務代替。

馬太效應在品牌領域內就是普遍存在的市場現象：強者恆強，弱者恆弱，或者說，贏家通吃。

品牌資本的核心價值是標準和技術，衍生的價值為消費者對品牌的認可和品牌營銷系統的構建。

最高形態的企業品牌價值；無形形態的是企業知識產權的價值；固化形態的是企業的機器設備和不動產。對於企業來講，一流企業出標準，二流企業出技術，三流企業出產品，四流企業出效益。

企業惟有藉助航空母艦般的「品牌」，在行業中利用制訂標準和塑造企業品牌形象，才能立於不敗之地。

尤其在軟體技術、電子技術等關鍵領域，核心技術更是企業生存和發展的命脈。直至目前，一些科技發達國家及跨國公司仍憑藉對很多領域技術標準的控制，左右著產業格局的變化。因此，企業只有極力創新、參與制定具有自主知識產權的標準，占據品牌，才可能在自身領域占領技術制高點，獲得市場競爭優勢。

星巴克公司品牌的馬太效應創造了成功的奇跡，在華爾街，星巴克早已成為投資者心目中的安全港，過去十年間，它的股價在經歷了四次分拆之後攀升了22倍，收益之高超過了通用電氣、百事可樂、可口可樂、微軟以及 IBM 等大公司。是什麼創造了星巴克奇跡？將星巴克一手帶大的霍華・舒茨回答：「我們的最大優勢就是與合作者們相互信任，關鍵問題在於我們如何在高速發展中，保持企業價值觀和指導原則的一致性。」

社會心理學家認為，「馬太效應」是個既有消極作用又有積極作用的社會心理現象。其消極作用是：名人與未出名者幹出同樣的成績，前者往往上級表揚，記者採訪，求教者和訪問者接踵而至，各種桂冠也一頂接一頂地飄來，結果往往使其中一些人因沒有清醒的自我認識和沒有理智態度而居功自傲，以致在人生的道路上跌跟頭；而後者則無人問津，甚至還會遭受非難和妒忌。其積極作用是：其一，可以防止社會過早地承認那些還不成熟的成果或過早地接受貌似正確的成果；其二，「馬太效應」所產生的「榮譽追加」和「榮譽終身」等現象，對無名者有巨大的吸引力，促使無名者去奮鬥，而這種奮鬥又必須有明顯超越名人過去的成果，才能獲得嚮往的榮譽。

另外，社會貧富差距，也會產生「馬太效應」。在股市樓市狂潮中，最賺的總是莊家，最賠的總是散戶。於是，不加以調節，普通大眾的金錢，就會通過這種形態聚集到少數人群手中，進一步加劇貧富分化。另外，由於富者通常會享受到更好的教育和發展機會，而窮者則會由於經濟原因，比富者更乏發展機遇，這也會導致富者越富，窮者越窮的「馬太效應」。

「馬太效應」說的是社會分配不公，走向了兩極化，但是它本身並不是貶義詞，如果你處在人生的低潮，落入後段班中，那麼你就應該更加冷靜去探索成功之門，躋身到前後班去，一個人只要肯努力、肯打拼，那一定會出人頭地的。這時你就會處在馬太效應的積極面，站在好的愈好的位置上了……

6・光環效應

——人際知覺中的以偏概全的主觀印象。

「光環效應」也叫「暈輪效應」（或是「成見效應」、「光圈效應」、「日暈效應」）。最早是由美國著名心理學家愛德華．桑戴克於二十世紀20年代提出的。

一個人的某種品質，或一個物品的某種特性一旦給人以非常好的印象，在這種印象的影響下，人們對這個人的其他品質，或這個物品的其他特性也會給予較好的評價。「愛屋及烏」、「一俊遮百醜」都是光環效應在社會生活中的具體體現。

這種愛屋及烏的強烈知覺的品質或特點，就像月暈的光環一樣，向周圍彌漫、擴散，所以人們就形象地稱這一心理效應為「光環效應」。和光環效應相反的是「惡魔效應」，即對人的某一品質，或對物品的某一特性有壞的印象，會使人對這個人的其他品質，或這一物品的其他特性的評價偏低。

首先，心理學家戴恩做過一個這樣的實驗。他讓被試者看一些照片，照片上的人有的很有魅力，有的無魅力，有的中等。然後讓被試者在與魅力無關的特點方面評定這些人。結果表明，被試者對有魅力的人比對無魅力的賦予更多理想的人格特徵，如待人和氣、應對沉著，親切好交際等。

「光環效應」不但常表現在以貌取人上，而且還常表現在以服裝定地位、性格，以初次言談定對方的才能與品德等方面。在對不太熟悉的人進行評價時，這種效應體現得尤其明顯。

接著，美國心理學家凱利以麻省理工學院的兩個班級的學生分別做了一個試驗。上課之前，實驗者向學生宣佈，臨時請一位研究生來代課。接著告知學生有關這位元研究生的一些情況。其中，向一個班學生介紹這位研究生具有熱情、勤奮、務實、果斷等項品質，向另一班學生介紹的資訊除了將「熱情」換成了「冷漠」之外，其餘各項都相同。而學生們並不知道。兩種介紹間的差別是：下課之後，前一班的學生與研究生一見如故，親密攀談；另一個班的學生對他卻敬而遠之，冷談回避。可見，僅介紹中的一詞之別，竟會影響到整體的印象。學生們戴著這種有色鏡去觀察代課者，而這位研究生就被罩上了不同色彩的光圈。

「名人效應」是一種典型的「光環效應」：不難發現，拍廣告片的多數是那些有名的歌星、影星，而很少見到那些名不見經傳的小人物。因為明星推出的商品更容易得到大家的認同。一個作家一旦出名了，以前壓在箱子底（被退了好幾次）的稿件全然不愁發表，所有著作都不愁銷售，這都是光環效應的作用。

企業怎樣才能讓自己的產品為大眾瞭解並接受？一條捷徑就是讓企業的形象或產品與名人相粘連，讓名人為公司做宣傳。這樣，就能借助名人的「名氣」幫助企業聚集更旺的人氣。要做到人們一想起公司的產品就想到與之相連的名人。

現在，愛迪達的足球運動鞋幾乎無人不知，無人不曉。然而，沒有幾個人知道，這家德國的體育用品公司是怎樣出名的。它之所以聞名於世，是依賴於它很好地利用了奧運會這個資源。

愛迪達足球鞋走向世界的契機是一九三六年的奧運會。這一年，公司創始人愛迪・達斯勒突發奇想，製作了一雙帶釘子的短跑運動鞋。怎樣使這種樣式特別的鞋賣個好價錢呢？為此愛迪頗費了一番腦筋。他聽到一個消息：美國短跑名將歐文斯最有希望奪冠。於是，他把釘子鞋無償地送給歐文斯試穿，結果不出所料，歐文斯在那屆運動會上四次奪得金牌。當所有的新聞媒介、億萬觀眾爭睹名星風采時，那雙造型獨特的運動鞋自然也特別引人注目。奧運會結束後，由愛迪獨家經營的這種定名為「愛迪達」的新型運動鞋便開始暢銷世界，成為短跑運動員的必備之物。

以後，每逢有新產品問世，愛迪・達斯勒總要精心選擇試穿的運動員，以及產品推出的時機。

一九五四年，世界盃足球賽在瑞士舉行，年事已高的愛迪推出一個新品種——可以更換鞋底的足球鞋。決賽那天，體育場一片泥濘，匈牙利隊員在場上踉踉蹌蹌，而穿愛迪達的德國隊球員卻健步如飛，並首次登上世界冠軍的寶座。愛迪達新型運動鞋又一次引起「轟動效應」，使得整個聯邦德國，乃至全世界的體育界，都成了愛迪達的商業舞臺，其產品供不應求。

一九七〇年，墨西哥世界盃足球賽開幕，人們驚異地發現聯邦德國名將烏韋・賽勒爾在綠茵場上馳騁如故。而在此之前他腿部受傷的消息已傳揚多時，許多人都在深深地為他惋惜。愛迪特意為他趕製了一雙球鞋，使他得以重返球場。賽勒爾的這雙鞋自然又一次成了賽場新聞而傳遍世界，愛迪達的品牌又身價倍增地和明星的名字聯在一起。

在外人看來，愛迪達運動鞋似乎與冠軍有著某種必然的聯繫，穿上它就意味著成功。其實，這種必然聯繫來源於愛迪・達斯勒多次對成功者的準確預測與選擇。也就是說，只有把握好產品的推出時機，才能借名人聲譽創出名牌產品，而這也成為了愛迪達得以成功的奧秘。

「光環效應」的最大弊端就在於以偏概全。其特徵具體表現在這樣三個方面：

一、遮掩性——有時我們抓住的事物的個別特徵並不反映事物的本質，可我們卻仍習慣予以個別推及一般、由部分推及整體，勢必牽強附會地誤推出其他特徵。隨意抓注某個或好或壞的特徵，就斷言這個人或是完美無缺形，或是一無是處，都犯了片面性的錯誤。年輕人戀愛中的「一見鍾情」就是由於對象的某一方面符合自己的審美觀，往往對思想、情操、性格諸方面存在的不相配處都視而不見，覺得對象是「帶有光環的天仙」，樣樣都盡如人意。同樣，在日常生活中，由於對一個人印象欠佳而忽視其優點的事，舉不勝舉。

二、表面性——光環效應往往產生於自己對某個人的瞭解還不深入，也就是還處於感覺知覺的階段，因而容易受感覺、知覺的表面性、局部性和知覺所帶來的選擇性影響，從而對於某人的認識僅僅專注於一些外在特徵上。有些個性品質或外貌特徵之間並無內在聯繫，可我們卻容易把它們聯繫在一起，斷言有這種特徵就必有另一特徵，也會以外在形式掩蓋內部實質。如外貌堂堂正正，未必正人君子；看上去笑容滿面，未必面和心慈。簡單把這些不同品質聯繫起來，得出的整體印象必然是相當表面的。

三、**彌散性**——對一個人的整體態度，還會連帶影響到跟這個人的具體特徵有關的事物上。成語中的「愛屋及烏」、「厭惡和尚，恨及袈裟」就是光環效應擴散的作用。《韓非子．說難篇》中講過一個故事。衛靈公非常寵倖弄臣彌子瑕。有一次彌子瑕的母親病了，他得知後就連夜偷乘衛靈公的車子趕回家去。按照衛國的法律，偷乘國君的車子是要處以刖刑（把腳砍掉）的。但衛靈公卻誇獎彌子瑕孝順母親。又有一次，彌子瑕與衛靈公同遊桃園，他摘了個桃子吃，覺得很甜，就把咬過的桃子獻給衛靈公嘗，衛靈公又誇他愛君之心。後來，彌子瑕年老色衰，不受寵倖了。衛靈公由不喜愛他的外貌而不喜愛他的其他品質了，甚至以前被他誇獎過的兩件事，也成了彌子瑕的「欺君之罪」。

因此，「暈輪效應」有如下的缺失：

（一）它容易抓住事物的個別特徵，習慣以個別推及一般，就像盲人摸象一樣，以點代面；

（二）它說好就全都肯定，說壞就全部否定，這是一種已經受了主觀偏見支配的絕對化傾向。

（三）它把並無內在聯繫的一些個性或外貌特徵聯繫在一起，斷言有這種特徵必然會有另一種特徵

從時間上說，「首因效應」在前，「暈輪效應」在後。但是在人際交往中，往往是「第一印象」仍在起作用的時候，「暈輪」也開始起作用了。這樣「首因效應」就會像「增效劑」一樣地去增強「暈輪效應」。「暈輪效應」作用時間比「首因效應」要長，它可以持續到人際交往的全過程。

第三章

先經營自己，再經營人生

I・雷鮑夫法則

——認識自己以及尊重他人

什麼是「雷鮑夫法則」？在下面八條中，有六條是由美國管理學家雷鮑夫總結提煉的，只有第一條和第四條是別人補充的。管理界將這語言交往中應注意的八條，統稱為雷鮑夫法則。也有人將雷鮑夫法則稱為建立合作與信任的法則，還有人將雷鮑夫法則稱為「交流溝通的法則」。

在你著手建立合作和信任時，要牢記我們語言中：

1．最重要的八個字是——我承認我犯過錯誤

1．最重要的七個字是——你做了一件好事

3．最重要的六個字是——你的看法如何

4．最重要的五個字是——咱們一起做
5．最重要的四個字是——不妨試試
6．最重要的三個字是——謝謝您
7．最重要的二個字是——咱們
8．最重要的一個字是——您

仔細觀察「雷鮑夫法則」的八條定律，你會發現它們是一個不斷漸進的過程。要建立合作和信任的基礎最重要的就是認識自己和尊重他人。而上述定律無疑就是進行這一過程的最好表現。

1．最重要的八個字是——我承認我犯過錯誤

主動認錯不僅是一種謙虛的表現，而且還要求執行者不斷反省自身。能身體力行做到這一點，並且真正地是發自內心，貫徹到底，往往會產生出人意外的良好效果。一九九〇年2月，通用公司的機械工程師伯涅特在領工資時，發現少了30美元，這是他一次加班應得的加班費。為此，他找到頂頭上司，而上司卻無能為力。

於是，他便給公司總裁斯通寫信說：「我們總是碰到令人頭痛的報酬問題，這已使一大批優秀人才感到失望了。」斯通立即責成最高管理部門妥善處理此事，三天之後，他們補發了伯涅特的工資，事情似乎可以結束了，但他們利用這件為職工補發工資的小事大做文章。

第一、是馬上向伯涅特鄭重道歉；第二、是在這件事情的推動下，瞭解那些「優秀人才」待遇較低的問題，調整了工資政策，提高了機械工程師的加班費；第三、向《華爾街日報》披露這一事件的全過程，在全國企業界引起了不小轟動。想想通用公司的工程師真是幸福。通用總裁改正了一個錯誤，但他得到的遠不是看起來這麼少。

2．最重要的七個字是——你做了一件好事

在反省自身的同時一定要注意回應別人的反應，學會關注，然後鼓勵別人，是學習合作的第二條秘笈。松下幸之助在創業階段一直和員工同甘共苦，日後創立了三洋的井植歲男就常常回憶起當時他在松下電器時不斷受到妻舅松下幸之助的鼓勵，即使是在他把電池廠賠光了之後也還是如此。松下幸之助認為他能安全回來就

已經是值得鼓勵的了。

3．最重要的六個字是——你的看法如何

在優秀的企業中，不可能是由老闆操控一切、切忌與人合作時不顧別人的感受，集思廣益才是成功之道、與人合作，一定要做到用人不疑，疑人不用。

一個好的合作者是能夠享受分權後的輕鬆的，瑞典商業銀行近30年一直保持著在北歐所有銀行中贏利最多的狀況、對於一般的企業來說，部門經理只能稱得上是「基層幹部」，至於那些關係到企業生死存亡的決策，就不是他們力所能及的了。但是在瑞典商業銀行的管理理念里，分行經理卻是最有權力的。

瑞典商業銀行全球執行副總裁薄安沛這樣解釋道：「我們的分行經理是銀行的基石，他們比在集中管理體制下有著許多條約的經理們更像一個領導者，批准信貸申請是銀行的一項重要工作，也直接關係到整個銀行的利潤情況。但是在我們銀行里，首席執行官（行長）是沒有批准貸款這個權力的，因為按照我們銀行的規定，行長是不能干涉具體業務的，業務只能由分行來操作。顯然，審批貸款的重任就落在了分行經理的身上，在這一點上我們與其他銀行有所不同。」

總裁沒有權力做的事情，部門經理卻可以，這對於大多數管理層人士來說肯定是一件不可思議的事情。也許如果真有人這樣做了，難免會被扣上「造反」的惡名，但是這樣的體制卻在現實中確確實實獲得了成功。這就是信任的威力。

4．最重要的五個字是——咱們一起做

在優秀的公司，「咱們一起做」並不是僅僅說給合伙人聽的，當然作為合伙人，往往要負更大的責任，但是一家公司要成功就必定要調動公司所有員工的積極性。如果可以讓所有的員工都有與老闆一起幹的信心與決心，那麼這必然會是一家好公司。

5．最重要的四個字是——不妨試試

與伙伴的合作，歸根結底還是為了讓雙方在各方面的互補性得到發揮。「試試」就是鼓勵合作者不斷地進行創新。「不妨」其實是這裡的關鍵。不妨就是不要太在意結果，有創意就一定要付諸實施，一定會有收穫的。成立於一九三九年的惠普公司是著名的電腦、通訊及測量用品生產廠商，一向以卓越的質量和完善的技術

支持而處於國際領先地位。惠普公司實行「開放實驗室備用品庫」就清楚地表明瞭公司對員工的這種態度。實驗室備用品庫就是存放電氣和機械零件的地方。開放政策就是工程師們不但在工作中可以隨意取用，而且在實際上還鼓勵他們拿回自己家裡去供個人使用。惠普公司的想法是，不管工程師們拿這些設備所做的事是不是跟他們手頭從事的工作項目有關，反正他們無論是在工作崗位上，還是在家裡擺弄這些玩意時總能學到一點東西，公司因而加強了對革新的贊助。

據說，這一政策起源於惠普的另一個創始人比爾·休萊特先生。有一回，他在周末到一家分廠去視察，看到實驗室備用品庫門上了鎖，他馬上到修理組拿來一柄螺栓切割剪子，把備用品庫門上的鎖剪斷、扔掉。星期一早上，人們見到他留下的紙條：「請勿再鎖此門。謝謝。比爾。」

於是，這一政策措施就一直延續至今。惠普公司是世界上最成功的公司之一，它的這一政策想必可以給其他企業的管理者以比較大的收穫。遇事抱有不妨試試的心態，可以有收穫又可以減少失望，實在是合作中最佳的心態。

6．最重要的三個字是——謝謝您

「謝謝您」似乎是最常用的禮貌用語，但是到底要如何說出這個禮貌用語其實是一件非常有藝術的事情。並非把謝謝掛在嘴邊就可以了，真正說到人心裡的謝謝是不需要用嘴表達的。下面我們來看一家餐館的經營之道：一家經營瑞士菜餚的餐館開張有七個月了，生意一直很好。餐館的老闆是凱希，她出生在法國，多年來都在學習烹飪，終於學到了一套本領，她宣稱自己可以說是一名大廚師了。凱希來到美國，她決定在達拉斯經營餐館。凱希熱愛達拉斯這個地方，並且感到達拉斯的人會喜歡上她的飲食及服務方式，她決定把重點放在飲食質量和服務態度上。

凱希按照歐洲的方式提供顧客以飲食和服務，一開始就大獲成功。餐館的職員穿著極為整潔，並且有一套嚴格的服務制度。凱希甚至希望他們在為顧客服務時說法語。所有的酒都是從歐洲進口的，而牛排是經過仔細挑選的德克薩斯牛排。凱希所標出的價格是很高的，但這並未影響她的生意，並且她還在繼續漲價，她的銷售也不斷上漲。當有熟悉的顧客打電話給凱希，詢問她在一次小型聚會上該用什麼酒時，凱希會送幾瓶好酒給這些顧客，並且是直接送到他們家裡，還免費。凱希沒有打廣告，也不必這麼做。她的名聲就是她最好的廣告。我們可以看到，謝謝惠顧不用寫在最明顯的地方，而應該寫在所有的地方。

7．最重要的二個字是——咱們

8．最重要的一個字是——您

越簡單越美麗，一定要牢記這一點。其實這兩條沒什麼太深的含義，執行起來也很簡單。一、是要時刻記住你是在與人合作，任何事情都不要冒然專斷——咱們就是要有整體的概念；二、是要時刻記得尊重你的合作伙伴——您而不是你，就是尊重。

只要理解這八條，掌握這八條，你會在合作中無往不利。

每個人的一生就是在不停地合作，在合作中前進，在合作中成長，在合作中成功。那麼，如何才能贏得他人的合作呢？通過美國管理學家雷鮑夫給我們的建議，我們可以深度概括出以下的道理：

一、尊重將要達成合作的人

企業發展，人才是不可或缺的資源。劉邦被困漢中之時，築台拜將，極大地滿足了韓信的自尊心，終於在韓信的輔助下，殺出漢中，取得天下。企業招賢納士好比劉邦拜將，尊重才是取得聖賢歸的良方，在企業的招聘行為中，一個好的招聘環境，認真而專業的考核程式，平等而友善的交流，沒有歧視、沒有質問，給慕名而來的求職者充分的禮遇和尊重，這一切會影響著人才對企業的認識，左右著他們的選擇。或者企業不可能錄用所有的應聘者，但企業禮賢下士的美名卻會隨求職者流傳業界，這不失為企業形象建立的重要舉措。

另外，老闆瞭解員工的才能，人盡其才地進行任命，也是對員工能力和價值的承認，也是對員工的莫大的尊重。而員工的涌泉以報，不就是老闆所期待的嗎？三國時期，諸葛孔明能為劉備和阿斗鞠躬盡瘁、死而後已，正是報劉備屈尊枉駕、三顧茅廬的知遇之恩吧。這正說明瞭尊重的二重性和互動性。老闆尊重員工價值體現需求，同時員工也尊重企業使命，為公司貢獻自己的價值。

二、多交換意見

贏得他人的合作就是通過對他人的影響，使雙方能夠走到一起，為共同的目標而努力。要影響別人，先得與其交換意見，先要考慮並體諒對方的處境，然後從對方的立場上看待問題。

在你想交換意見之前，先得問問自己：「如果我是他，這件事情應該怎麼做才好？……如果我處在他的情況下，我會有什麼感覺，有什麼反應呢？」比如，你要一位新參加工作的同事去做某件事，你得先問問自己，站在新參加工作人員的立場上，我是不是願意做這件事？再如，你打電話的方式，你可以想一想，如果你是接電話者，對於打電話的人的語氣有什麼感想呢？這裡要求的是換位思考，即推己及人。我們只有設身處地為別人著想，才能在交換意見時達成一致。

例如，某人買車後還有部分款未付清，賣方一名員工多次打電話催討未果，最後那名員工只得告訴買主，如果下個星期一仍不能付款，公司將採取進一步行動。星期一，那名員工怒氣衝衝地打來電話時，實在沒有錢付的買主決定採取另一種方式來對待員工的責問，他設想著站在對方的處境上考慮這件事，然後真誠地向對方抱歉，說自己一定是最令對方頭疼的顧客云云。出乎意外的是，那名員工的語氣立刻緩和了，說買主並不是最令他頭疼的那種顧客，並舉例說，有的顧客十分蠻橫，滿口謊言，有意躲避他。他還稱贊買主讓他吐出了心裡的不快。最後，那位員工終於同意讓他延期付款。

在交換意見時，還應該謙虛地對待他人，鼓勵他人暢談自己的想法，然後在他人的想法和自己的想法中尋求雙方的一致。世界上沒有多少人喜歡被強迫命令行事，所以我們要儘量想辦法讓他們覺得主意是自己的，這樣他們才會高興地接受。

羅斯福在當紐約州州長時，一個重要職位出現空缺。羅斯福既要保持與當地那些實力人物的良好關係，又要選出自己認可的人選。於是，他就把人選交由那些實力人物推薦。那些人物先後推薦了四位，第一位很差勁，自然難以接受，第二位又過於保守，被羅斯福推卻，第三位各方面都還可以，但還有點不如羅斯福的意，因此也被婉言謝絕。之後，羅斯福表示希望再次得到大家的支持，結果第四次被推薦出來的人物正是羅斯福所希望的人物，他們自然非常高興。

羅斯福事後說了一值得我們深思的話：「起先是我讓他們高興，現在輪到他們使我高興了。」羅斯福通過向他人請教，並尊重他們的意見，最終達到了自己的目的，贏得了與別人的合作。

三、多贊美對方

著名心理學家威廉·詹姆斯說：「人性最深切的需求是渴望別人的欣賞。」

讓人覺得自己重要是人性的普遍特征。因此，在生活和工作當中，我們要把別人看得都很重要，關心他們，以鼓勵代替挑剔，以贊美啟迪人們內在的動力，用人情溫暖別人，使別人願意與你合作。邱吉爾曾經說：「你要別人具有怎樣的優點，你就要怎樣地贊美他。」實事求是的贊美會使對方的行為更增加一種規範，在你的贊美激勵下，他會在受到贊揚的方面全力以赴，做得更好。

如果你是一個管理者，在處理事情時，要儘量使用符合人性的方法，你不能當獨裁者，什麼事都不征求下屬的意見，更不能害怕下屬的意見正確，因為聰明的部屬不可能永遠受制於人；你也要儘量避免那種鐵面無私、不通人情的刻板方式。當別人有了差錯，最好只在私下跟他們說；事前儘量稱贊他們已經做得很好的那部分；而後指出一些可以做得更好的方面，並且幫他們找出適當的方法；最後再一次稱贊他們的優點。人是在激勵中前進的，如果你在每一個場合都稱贊你的部下，設法誇獎地位比你低的人，這樣不但不會降低你在上司眼裡的地位，反而會使你成為一個偉大而謙虛的人，比那些輕浮的人更受人尊敬，你的合作者也會越來越多。所以，即使小小的謙虛都對你非常有用，贊美部屬的個人成就，贊美他人的合作，嘉獎他額外的努力或嘗試，你的收益將遠不止於此。

當然，也有人不一定吃你贊美的那一套。首先你要相信，人非草木，人皆有情。所以遇到這種情形就要想別的辦法，不妨請求對手的幫助，也許可以獲得意外的友誼與合作。

班傑明・富蘭克林是美國著名學者和政治家，在為人處事上有很多地方經理人必備經營與管理知識值得我們學習。他年輕時曾為謀得一份州議會辦事員，他老兄的職務而欣喜不已。不幸的是議會中有位最有錢而且十分能幹的議員對富蘭克林卻總看不順眼，時常公開斥罵他。對此，富蘭克林想了一個小小的辦法，很快就擺脫了窘境。原來，他聽說該議員喜愛藏書，現在手頭上正有一本非常稀奇而特殊的書，富蘭克林於是寫信表示要借書看一看，並向議員學習。議員收到信後，很快派助手把書送給了富蘭克林。富蘭克林看完書後，表示了強烈的謝意。那以後，那位議員對待富蘭克林的態度簡直判若兩人。

富蘭克林運用的正是一種請人幫助的心理戰術，通過請教於人，使其獲得了某種滿足，從而為尋求合作找到了出路。

四、學會認錯

經理人也是凡人，不可能不犯錯。當你錯了，就要迅速而坦誠地承認。

戴爾在二〇〇一年就曾對手下20名高級經理認錯：承認自己過於靦腆，有時顯得冷淡、難於接近，承諾將和他們建立更緊密的聯繫。大家對「極度內向」的戴爾公開反省非常震驚——如果戴爾為了公司都可以改變自己。其他人有什麼理由不效仿呢？戴爾不是心血來潮自我批評，或者突發狂想改變自己，事情的起因是調查發現戴爾公司半數員工想跳槽。隨後的內部訪談表明：下屬認為戴爾不近人情。所以感情疏遠，沒有強烈的忠誠感。戴爾以員工為鏡，照出都是自己靦腆惹的禍。靦腆是錯誤嗎？戴爾的回答是：「如果員工說對，那就是對。——認錯要認員工眼中的錯，不是認自己腦中的錯。」

合作就是生產力，合作是企業興盛的關鍵，也是一個人走向成功的必備的處世準則。社會需要合作精神，公司需要善意的合作者。但是，首先要學會真誠地與他人合作，才能贏得事業的成功。

2・吉德林法則

——把難題清楚地寫出來，便已經解決了一半。

誰都會遇到難題，人如此、企業也是如此。在瞬息萬變的環境下，怎樣才能最有效地解決難題，並沒有一個固定的規律。但是，成功並不是沒有程式可循的。遇到難題，不管你要怎樣解決它，成功的前提是看清難題的關鍵在哪裡。找到了問題的關鍵，也就找到瞭解決問題的方法，剩下的就是如何來具體實行了。

美國通用汽車公司管理顧問查理斯・吉德林提出：把難題清清楚楚地寫出來，便已經解決了一半。只有先認清問題，才能很好地解決問題。這種觀點在管理學上被稱為「吉德林法則」。

英國的麥克斯亞郡曾有一個婦女向法院控告，說她丈夫迷戀足球已經到了無以復加、不能容忍的地步，嚴重影響了他們的夫妻關係。她要求生產足球的廠商——宇宙足球廠賠償她精神損失費十萬英鎊。在我們看來，這一指控毫無道理。但在結果宣判之前，種種跡象表明，這位婦女的要求得到了大多數陪審團成員的支持。想到馬上就要支付巨額的賠償費，宇宙足球廠的老闆很是憂慮。

這時，宇宙足球廠的公關顧問認為，對公司來說，問題的關鍵就是這位婦女的控告讓公司損失了大筆的錢，要是能通過這次控告重新賺回損失的錢，問題不就迎刃而解了嗎？於是，他向公司建議：與其在法庭上與陪審團進行無謂的陳述，還不如利用這一「離譜的案例」，為公司大造聲勢，向人們證明宇宙廠生產的足球魅力之大。於是，他們與各媒體進行了溝通，讓他們對這場官司進行大肆渲染。果然，這場官司經傳媒的不斷轟炸後，宇宙足球廠名聲大振，產品銷量一下子就翻了四倍。與損失十萬英鎊比起來，宇宙足球廠算是因小禍而得了大福。

二十世紀80年代初期，美國大陸航空公司從德克薩斯州到紐約市的機票價格一度降到了49美元。此後的十年，公司的業績連連下滑，年年虧損。到一九九五年時，公司有18%的飛行路線都是負債經營的。大陸航空想了很多挽回的辦法，但都失敗了。為扭轉這種不利局面，公司新任總裁戈登果斷地停飛了這些負債飛行的航線。為找到解決的辦法，他仔細分析了問題的癥結到底在哪裡？

戈登想到，出售最低價格的機票這一政策並不能使大陸航空的現狀發生轉變，更無法使大陸航空成為出類拔萃的航空公司。事實上，這樣做的結果是適得其反，人們根本不想買大陸航空提供的產品。因為大陸航空雖然想以增加座位的方式和每天無數次地奔波往返於城市之間的方法，來保持機票的低價格策略。但事實證明，這些城市其實並沒有這麼大的需要。如此，大陸航空就只可能虧損……

瞭解到這些，戈登迅速把飛行航線改為人們想去的地方。過去大陸航空通常每天有6次航班往返於格林斯伯勒、北卡羅來納、格林費爾和南卡羅來納之間。這些城市並不需要往返數次的班機，然而大陸航空卻頻繁地飛向那裏。戈登於是立刻砍掉了幾個航班，為公司節省了大筆不必要的成本。

戈登還看到，在格林斯伯勒至格林費爾之間的航線中，大陸航空雖然佔有90%的市場份額，但卻仍然虧損。經過調查，戈登發現大陸航空公司從羅利飛往坎薩斯城或奧蘭多或辛辛那提的航班極不合理，乘客想要去別的重要城市很不方便。但是，要是開拓了飛往紐華克的市場的話，大陸航空公司所占的市場份額就足以支持公司開通飛往克利夫蘭和休斯頓的航線，而這條航線對乘客來說最方便，當然就會受歡迎。想清楚了這些，戈登立即行動，減少了一些並不合理的航線，開拓了一些會產生連鎖效應（即方便轉機的中途點）的新航線。

後來的事實證明，這樣大陸航空的班次雖然減少了，但賺的錢卻大大增加，而且即使將價格適當調高，也並不影響公司的盈利，因為人們對調高的票價還是可以接受。通過戈登一系列的提出問題、分析問題、解決問題的過程，大陸航空很快扭虧為盈，成為了一家頗有競爭力的航空公司。

美國的波音公司和歐洲的空中巴士曾為爭奪日本「全日空」的一筆大生意而打得不可開交，雙方都想盡各種辦法，力求爭取到這筆生意。由於兩家公司的飛機在技術指標上不相上下，報價也差不多，「全日空」一時拿不定主意。

可就在這關鍵時刻，短短兩個月內，世界各地就發生了三起波音客機的空難事件。一時間，來自四面八方的各種指責都向波音公司彙集而來。這使得波音公司蒙受了奇恥大辱，產品品質的可靠性也受到了人們的普遍懷疑。這對正與空中巴士爭奪的那筆買賣來說，無疑是一個喪鐘般的訊號。許多人都認為，這次波音公司肯定是輸定了。但波音公司的董事長威爾遜卻並沒有為這一系列的事件所擊倒。他馬上向公司全體員工發出了動員令，號召公司全體上下一齊行動起來，採取緊急的應變措施，力闖難關。

他先是擴大了自己的優惠條件，答應為全日空航空公司提供財務和配件供應方面的便利，同時低價提供飛機的保養和機組人員培訓；接著，又針對空中巴士的問題採取對策，在原先準備與日本人合作製造 A-3 型飛機的基礎上，提出了願和他們合作製造較 A-3 型飛機更先進的 767 型機的新建議。空難前，波音原定與日本三菱、川崎和富士三家著名公司合作製造 767 客機的機身。空難後，波音不但加大了給對方的優惠，而且還主動提供了價值五億美元的訂單。通過打週邊戰，波音公司博取到了日本企業界的普遍好感。在這一系列努力的基礎上，波音公司終於戰勝了對手，與「全日空」簽訂了高達十億美元的成交合同。這樣，波音公司不光渡過了難關，還為自己開拓了日本這個市場，打了一場反敗為勝的漂亮仗。

英國航空公司也曾遇到過一次危機。有一次，一架由倫敦經紐約、華盛頓的英航班因為機械故障，在紐約被迫降落後禁飛。乘客對此極為不滿，對英國航空公司怨聲載道。該公司立即調度班機，將63名旅客送到了目的地。當旅客下機時，英航職員向他們呈遞了一份言辭懇切的致歉信，並為他們辦理退款手續，表示這趟飛行完全免費。儘管英航因此損失了一大筆錢，但起了力挽狂瀾的功效，大大弱化了乘客的不滿情緒。英航的這一舉措被人們廣為流傳，這不僅未損害，反而大大提高了英航的聲譽。此後，英航的乘客一直源源不斷。

通過自己的高明手段，英航在危機面前得以化被動為主動。這得益於英航面對危機的一種快速反應能力。

無獨有偶，正是靠這種快速反應能力，美國的強森藥品公司平安地渡過了一場中毒危機。

一九九一年9月，強生藥品公司遭到了不少媒體的負面報導。原來不久前，有顧客使用了該公司出產的一種藥品而發生了中毒。強生藥品公司聞訊後，迅速成立了專案組解決問題，採取了周密的應變策略，全力推行危機管理，制定了「終止死亡，找出原因，解決問題、通告公眾」的重要決策。在獲悉第一個死亡消息一小時內，公司人員立即對這批藥品進行了化驗，結果表明為正常的陰性，但他們還是花費大量經費通知45萬個包括醫院、醫生、批發商在內的用戶，請他們停止出售並立即收回，同時撤銷所有的電視廣告，把事實真相以及公司所採取的對策迅速向公眾告知。通過這一系列的補救措施，強生藥品公司終於消除了公眾的誤解，幾個月後就恢復了生機。

在現實生活中，動盪的國際政治、經濟環境常常使企業的周遭危機四伏，一不留神就會走上下行的坡道。面對挫敗，你是自暴自棄，讓它成為不可逆轉的事實，還是讓它變成促使你重新奮發的動力？

其實，命運一直藏匿在我們的思維中。打擊究竟會對你產生怎樣的影響，最終決定權是在你手中。只要能夠從壞中看好，採取有效的措施扭轉這個趨勢，耐心地找准一個方向，就一定會別有洞天。這樣不僅能解一時之圍，更能找出公司的病症並徹底消除隱患，使公司增強持久贏利的能力。

出現危機並不可怕，可怕的是被危機沖昏了頭腦而自暴自棄。對企業來說，危機也不一定就是壞事，它有時反而會成為企業發展的契機。企業只要能樹立憂患意識，並在危機來臨時快速作出反應，就一定能扭轉危局，反敗為勝。要記住：所有的壞事情，只有在我們認為它是不好的情況下，才會真正成為不幸事件。

要想解決問題，必須清楚問題出在哪裡。看到了問題的癥結所在，也就找到了解決問題的辦法了。所以，遇到問題後首要的就是要分析問題，只有這樣，在解決起問題來才會得心應手，事半功倍

3・手錶定律

——更多標準，會讓人無法適從

「手錶定律，」亦叫「兩隻手錶定律」、「矛盾選擇定律」、「時鐘效應」。

手錶定律是指一個人有一隻錶時，可以知道現在是幾點鐘，當他同時擁有兩隻錶時，卻無法確定。兩隻手錶並不能告訴一個人更準確的時間，反而會讓看錶的人失去對準確時間的信心。

企業管理如果出現了「時鐘效應」，就會出現無序狀態，產生抱怨情緒，影響企業正常運轉。

森林裡生活著一群猴子，每天太陽升起的時候它們外出覓食，太陽落山的時候回去休息，日子過得平淡而幸福。

一名遊客穿越森林，把手錶落在了樹下的岩石上，被猴子「猛可」拾到了。聰明的「猛可」很快就搞清了手錶的用途，於是，「猛可」成了整個猴群的明星，每隻猴子都向「猛可」請教確切的時間，整個猴群的作息時間也由「猛可」來規劃。「猛可」逐漸建立起威望，當上了猴王。

做了猴王的「猛可」認為是手錶給自己帶來了好運，於是它每天在森林里巡查，希望能夠拾到更多的手錶。工夫不負有心人，「猛可」又擁有了第二塊、第三塊表。但「猛可」卻有了新的麻煩：每隻錶的時間指示都不盡相同，哪一個才是確切的時間呢？「猛可」被這個問題難住了。當有下屬來問時間時，「猛可」支支吾吾回答不上來，整個猴群的作息時間也因此變得混亂。過了一段時間，猴子們起來造反，把「猛可」推下了猴王的寶座，「猛可」的收藏品也被新任猴王據為己有。但很快，新任猴王同樣面臨著「猛可」之前的困惑……

這就是著名的「手錶定律」的起源。當一個人只有一隻手錶時，他只有一個判定時間的標準，而當他同時擁有兩隻手錶時，他判斷時間的標準就會受到干擾，甚至無法確定時間。也就是說，兩隻手錶並不能告訴一個人更準確的時間，反而會讓看錶的人失去對準確時間的信心。我們要做的就是選擇其中較讓人信賴的一隻，盡力校準它，並以此作為自己的標準，聽從它的指引行事。

如果每個人都「選擇你所愛，愛你所選擇」，無論成敗都可以心安理得。然而，困擾很多人的是：他們被「兩隻手錶」弄得無所適從，身心交瘁，不知自己該相信哪一個。還有人在環境、他人的壓力下，違心選擇了自己並不喜歡的道路，為此而鬱鬱終生，即使取得了受人矚目的成就，也體會不到成功的快樂。

「手錶定律」在企業經營管理方面給了我們一種非常直觀的啟發，那就是對同一個人或同一個組織的管理不能同時採用兩種不同的方法，不能同時設置兩個不同的目標，甚至每一個人不能由兩個人來同時指揮，否則將使這個企業或這個人無所適從。

「手錶定律」所指的另一層含義在於每個人都不能同時選擇兩種不同的價值觀，否則，他的行為將陷於換亂。在現實生活中，我們每個人都會經常遇到類似的情況。比如在面對兩個各有優點、同樣傾心於你的人時，你一定會苦惱許久，按照身高標準，似乎覺得這個好一點；但按照相貌標準，則又覺得另外一個也不錯。這個時候，很多人都不知道如何做出決斷。在擇業時，地點、待遇各有所長的兩家公司，你認為都很滿意，同樣會使你舉棋不定。在人生的每一個十字路口，我們經常要面對「魚與熊掌不能兼得」的苦惱。

對同一個人或同一個組織的管理不能同時採用兩種不同的方法，不能同時設置兩個不同的目標。甚至每一個人不能由兩個人來同時指揮，否則將使這個企業或這個人無所適從。手錶定律所指的另一層含義在於每個人都不能同時挑選兩種不同的價值觀，否則，行為將陷於混亂。

一、**是目標、文化、價值觀不統一**——造成人與人之間、團隊與團隊之間、上下之間缺乏默契，形不成合力，整體效能差；

二、**是多頭指揮**——完成同一項工作任務，不同的管理者要求的標準不一、措施迥異、側重差別，而讓執行者無所適從；

三、**是制度自相矛盾**——例如，對同一件過失卻有兩種處罰方式，一個是處罰五百元，另一個是只須處罰二百元，這會讓執行制度者犯難，究竟執行A制度，還是B制度，如果對不同的人執行不同的制度，就顯失公平。

因此，「手錶定律」在管理上的應用，應注意下面幾點：

（一）制定出的目標一定要明確。

（二）績效考核時一定要按照既定的績效目標來進行，千萬不能臨時隨意變更，否則，很容易讓員工對公司的既定目標，以及執行方針產生疑惑，進而對公司失去信心。

（三）管理制度一定是對事不對人，即一視同仁，要「制度面前人人平等」。

（四）在管理方面，「一個上級的原則」一定要遵守，否則必然會引起混亂。

一個人正常情況下不會戴兩隻表，除非他是賣錶的修錶的可能會同時帶很多錶出門，很多人根本不戴手錶，因為手機已經成為大部分人必備隨身工具，如果要知道準確時間看手機就行了，但是一些人還是會戴手錶，只是這塊表的準確性並不是最重要的，它的主要作用是作為一種裝飾或身份的象徵。

一個企業組織也不應該出臺兩個相互矛盾的標準，除非他是處於制度標準制定前期，還在徵求意見的階段，就像拿出兩隻錶比較一下需要驗證哪一塊錶的時間更準確，制度標準也需要比較驗證看是否合理準確實用，最後留下的一定是一套制度或標準。所以常規情況下是不會有兩種標準同時存在的。

當然會因為時勢的改變出臺新的標準，但舊標準還沒來得及廢止的情況，這種情況下公司決策層一定要明確一下，在過渡期應該怎樣執行。

這就好比如果只有一隻錶，即使顯示的時間是錯的（他本身可能並不知道是錯的），他也只能按這個時間做事。但是如果你給他兩塊錶，時間又不一樣，他就無法確定哪一塊是正確的時間了，但這是給他錶的人（標準制定人）的錯，你為什麼給他兩塊錶，而又不告訴他哪一塊錶的時間是正確的？這就像在跑步比賽時，只能規定一個目的地，這樣我們才能判定誰取得了最終勝利，如果我們設了兩個目的地，那就不能責怪選手，一定是組織跑步比賽者的錯。

就像一個人不能判別哪一塊錶的時間是正確的時候，他將陷入困惑與決定的矛盾。這與另一個「布里丹定律」，同樣是兩難選擇的問題，與這個手錶定律有類似的地方，但是布里丹定律的重點是如何在兩堆草料之間做選擇，而手錶定律的重點是兩塊手錶哪一個是標準，也就是說兩堆草料哪一堆是「好料」——你要去選擇的那個標準。

如果有兩個標準也就是說兩個都是正確的（這應該是不成立的，一定有一個時間是錯的，但是如何判定哪一塊表示錯誤的，就需要第三塊第四塊錶來驗證或找報時台來確認了），那就會陷入無端的惶恐。

所以在同一個時區一定只有一種時間是正確的，在同一個公司同一個時期也只能有一個標準，否則執行者就會陷入兩難選擇，當這種情況發生時，必須有一個作為仲裁的部門或職務執行者，做出正確的裁決，以避免執行人無法選擇該如何執行的情況。一個組織不能由兩個以上的人來同時指揮，而且指揮的方向又不一致，這將使這個組織無法正常運轉。

拿破崙說：寧願要一個平庸的將軍帶領一支軍隊，也不要兩個天才同時領導一支軍隊。既然是領導當然都想下屬按自己的命令做事，哪怕是一個平庸的領導，但是如果兩個人同時領導一個部門，又彼此意見不一，一個說要向東、一個說向西，那下屬該怎麼辦？只有原地不動，等兩個領導意見一致了再說，這是決策層安排的錯誤，一定要在兩個領導裡定出一個主次來，發命令的只能是一個人，而不能兩個人平起平坐，一個不服一個，這樣只會壞事，不會成事。當然如果這兩個領導是同聲同氣目標，倒是沒問題，但這樣是不是對人員的一種浪費，一個人就可以做的事卻偏要安排兩個人。

4．史特金定律

——不要把時間浪費在無意義的事情上

如今我們生活的時代被稱為「信息大爆炸時代」，我們每個人每天都要面對海量的信息，越來越多的人在這些還想的信息中迷失，甚至被湮沒。於是，這就要求要我們在認知思維上也要安裝一個信息過濾器。這個信息過濾器的名字可以叫做「史特金定律」。

一九五三年9月，科幻作家泰德．史特金在費城舉辦的世界科幻大會中提到：任何事物當中的百分之九十都是垃圾，而其中不是垃圾的那百分之十，才是具有意義的。這被後人稱為「史特金定律」。

在文化圈有一個段子是這樣講的：馮小剛拍攝《我不是潘金蓮》的時候，有一次他就問作家劉震雲：這明明一句話就能說得清楚的事，你怎麼就寫了那麼長呢？劉震雲笑著說：是一句話能說完，可我不寫那麼長出版社就不給稿費呀。

雖然這只是一個笑話，但由此可以看出，在我們身邊時時刻刻都圍繞著許多冗餘的、不必要的信息。著名管理大師查理．芒格說：一百個思維模型，就可以解決世上百分之九十的問題，這和史特金定律有異曲同工之妙。

「史特金定律」告訴我們：在每個領域中都有大量平庸的工作，我們要做的是「不要把時間浪費在無意義的事情上」，這就告訴我們兩個要注意的事項：

一、要學會過濾無效信息；

二、要抓住核心信息，並且專注。

過濾了無效信息，就相當於給我們的思維減負。其實我們的身體就是一個過濾器，從有形的看，我們每天攝取大量實物，取其精華去其糟粕，這才成了促進生命的營養素。從無形的來看，我們之所以每天必須要保證充足的睡眠，就是為了過濾前一天的無效信息，給自己的大腦做一做清理工作，有了這個重啟開機的過程，我們第二天起床後才能更加專注。

每個人都有一個記憶曲線，也就是說人們在九個小時後，幾乎會忘掉一天80%的事情，這就相當於大腦每天都會批量刪除一些信息，就是因為這些信息，其實都是無用的——垃圾信息。

十九世紀末二十世紀初，義大利經濟學家帕累托也發現了類似定律，後人稱之為「八二定律」，主要內容是：在任何一組東西中，最重要的只占一小部分，約20%，其餘80%儘管是多數，卻是次要的。

不論是「八二定律」還是「記憶曲線」，它們都和「史特金定律」同出一轍，也就是要學會過濾冗餘信息，抓住核心內容。

達爾文的演化論，被後人稱為十九世紀最偉大的發現之一。演化論的出現重構了人類的世界觀，也在整個人類世界掀起了一場認知革命，因而才組成了我們如今的世界觀。

但是國人首次認識演化論並不是因為達爾文本人的著作《物種起源》，而是赫胥黎的《天演論》，由當年學者嚴復進行翻譯，嚴復的翻譯名句「物競天擇，適者生存」沿用至今。究其原因，就是因為赫胥黎在當時紛繁林立的科學思維中，過濾掉絕大多數信息，而選擇了當時來說最優秀的思想。

當關於演化論的著作《物種起源》面世後，在當時的社會掀起了一股劇烈的浪潮，因為動搖了教會的教義根本，威脅了「神」的地位，達爾文和他的演化論被當時的教會猛列地抨擊。《物種起源》發布後第二年，牛津主教展開了大反攻，專門對此召開了聲討大會。

赫胥黎在會上不畏強權，據理力爭，這為他贏來了一個「達爾文鬥牛犬」的外號。赫胥黎對此一點兒也不在意。在此之前，他在寫給達爾文的信中這樣說到：「你的理論，我會堅定地支持，如果必須的話，我準備接受火刑。」

赫胥黎摒棄了干擾他的一切信息，堅定地信仰著演化論，也正是因為這一信仰，讓赫胥黎流芳百世。我們縱觀赫胥黎的一生，他並沒有別的什麼令人眩目的成就，但是一部《天演論》，足以讓他的名字刻在科學歷史的長河之上。這就是他堅持史特金定律的故事。

「史特金定律」在生活中還有非常廣泛的應用。比如在工作中，我們要自動過濾掉那些次等重要甚至不重要的小事，抓住核心任務。

有一位女上班族，在其所在公司任職15年，升遷緩慢，工作任務極重。除此之外，她還有一個五歲的女兒。職場媽媽的苦，是眾所周知的，繁重的工作極大地壓榨了她陪家人的時間，這讓她感到非常焦慮。同時伴侶也抱怨她錢掙得不多，只是一天到晚的瞎忙。

當這位女士了解到「史特金定律」以後，找到了走出困境的鑰匙。她發現自己每天都重複做很多前一天甚至前一周的工作，但是真正為她工作表現也才能，讓她得以領取工資的事情只有一件。正是由於做了很多無關緊要的事，讓她忽略了真正重要的事。工作上不見成效，自然得不到上司的認可。

於是，這位女士找到她的上司，遞交給他一份任務分析表，裡面詳細分析了她從事的大量的無效工作為公司帶來的「小」利益，以及她需要專注的工作任務為公司帶來的「大」利益。她對上司說：如果您能允許我放棄這些對公司來說無關緊要的瑣事，我可以保證做好這件可以為公司帶了利益的事。上司沉思一會兒道：可以，如果你做得好還有獎勵。

就這樣，這位女士把所有的時間都花在一項任務上，三個月後由於她的這項工作給公司帶來極大的利益增量，她不但獲得了升職加薪，工作時間也大大縮減，有了更多時間陪伴家人和孩子。

由此可見，當我們掌握了「史特金定律」，給自己的思維按上一個過濾器的時候，我們就相當於給自己的大腦安了一個望遠鏡，我們的眼光也能看得更長遠。

在飲食界有一個著名的米其林三星餐廳大廚自殺事件，主角的名字叫貝爾納・盧瓦佐。他的廚藝以及關於食物的研究都是十分出眾的，他本身也是一位米其林三星大廚，但是由別人的虛假評判，導致他的餐廳被降星級。

如果他懂得史特金定律，他就會學著讓自己過濾掉這些無足輕重的評價，憑著他的能力，他不但能重新奪回「三星」稱號，他的研究也能更為人所知。

可是他只關注了那些無關緊要的評價，忘卻了自己真正的資本事自己的能力，於是他選擇了自殺。這是一個令人嘆惋的故事，同時也提醒我們：「不要把時間浪費在無意義的事情上。」

此外，在這裡需要提醒各位的是——

史特金定律是在於摒棄他人的錯誤，堅持自己認為正確的事。

5・摩斯科定理

——你得到的第一個答案，不一定是最好的

「摩斯科定理」是由美國管理學家R・摩斯科提出的。指的是：你得到的第一個答案，不一定是最好的回答——因為當我們詢問問題時，他人的第一反應往往不假思索或者隨意應付，只有繼續追問下去才能得到想要的答案。所以，多問幾次才能取得真實的答案，亦即最好的效益。簡言之：打破沙鍋問到底，就是摩斯科定理的精髓。

在企業經營和營銷中，摩斯科定理用處甚廣。比如在進入每個城市之前，肯德基速食店在選址方面都要做極為細緻科學的調查研究。調查的第一步，通過有關部門或專業調查公司收集這個地區的資料，然後根據資料劃分商圈。在商業圈的選擇

上，肯德基既考慮餐館自身的市場定位，也會考慮商圈的穩定度和成熟度。

肯德基的原則是一定要等到商圈成熟穩定後才進入。在商圈得到確定之後，調查人員接著要考察這個商圈內最主要的人群聚集點在哪裡。肯德基所追求的目標，就是力爭在人群最集中的地方開店。地點確定下來後，調查人員還要搞清楚在這一區域中，人的流動線路是怎樣的。

實踐證明，這樣刨根問題的市場調查極少失誤，所以肯德基每新開一個門市，基本上都能取得成功。很值得一提的是，其競爭對手麥當勞正是看到了肯德基調查的精確性，從而採取跟進戰略，即肯德基開到哪裡，它就跟到哪裡，這從反面說明了肯德基市場調查是十分成功的。

市場是一個由多變數、多因素共同制約的複合體。

對一個企業來說，有些因素是可以控制的，如各種行銷策略等；有些因素是無法控制的，如消費者購買行為因素、社會心理因素等。這些不可控制的外部因素是千變萬化的，因而不可控制。但它又是企業所不得不面對的事實前提和生存空間，構成了企業行銷的市場環境。企業的行銷策略若與之相契合，那麼企業就會繁榮興旺；要是與之脫節或根本背離，那企業就會被市場淘汰。

這樣，在企業經營管理過程中，就面對著一個如何在眾多的資訊中，區別分辨出真實的資訊的問題。如果分辨工作做好了，決策就會得心應手，做得不好，那就只有自食苦果了。

有一家鞋子製造業者，為了擴大市場，工廠老闆便派一名市場經理到非洲一個孤島上調查市場。這名市場經理到達後，發現當地人都沒有穿鞋子的習慣。回到旅館，他馬上拍發電報告訴老闆：「這裡的居民從不穿鞋，所以沒有市場。」

當老闆接到電報後，思索良久，便吩咐另一名市場經理去實地調查。

當這名市場經理見到當地人都是赤足走路，沒穿任何鞋子的時候，心中興奮萬分，馬上回到旅館電告老闆說：「此島居民無鞋穿，市場潛力巨大，快寄一百萬雙鞋子過來。」

同樣的境況，卻有不同的觀點與結論。它告訴我們，市場調查受很多的變數決定，要想得到準確全面的資訊，在進行調查時一定要慎重。成功企業之所以能成功，其中的原因很多，但有一點是不可缺少的，那就是準確全面的市場調查。只有有了準確全面的市場調查，企業才能就此推出自己的產品或是某項新戰略，並保證取得市場成功！

當年，柯達公司也是一個極為重視和擅長做市場調查的企業。它每推出一項新產品，都是要做反複多次的市場調研後才做出決定。碟式相機的推出就是一例。在正式推出這款相機的前五、六年，柯達公司的市場開拓部就提出了碟式相機的產品意向。而且這個意向本身就來自於市場調查：

如調查顧客認為最理想的相機該是什麼樣子的；重量與尺碼要怎樣的比例才合適；什麼類型的底片等等。在此基礎上，公司會設計出理想的模型，並寫出定量的報告，送到其他相關部門從成本、技術條件、設備配套等方面徵詢意見，看是否值得生產。要是有問題，那麼就退回重議和修正，直到造出樣機。樣機做出後就進行第二次市場調查，看看與消費者的要求間還有什麼差距，然後根據他們的意見進行改進。改進完成後，樣機再次投入市場讓消費者試用。在此過程中重新收集消費者的回饋資訊，並就此制定出相應的推銷和宣傳策略。要是產品得到了大多數消費者的歡迎，產品就會最後交給總公司，申請投入生產。一般來說，類似這樣的調查和回饋資訊過程耗時在兩三年時間。

試製品出來後，還會有進一步的調查：如產品的優缺點，產品的適用人群，產品的價位，產品的銷量等等。這些都得到完美解決後，產品才最後敲定價位元，並正式進行大規模生產。

市場是一個很難捉摸的東西，若不在市場調查上苦心經營，下透功夫，那麼新商品很可能就會遭到消費者的冷落。長此以往，企業的聲望和品質就會在消費者心目中大打折扣，再牛的企業也會被市場淘汰。

一般來講，獲取信息的方法有兩種：

（一）是隨機的獲取信息，很多情況下，你並一定有獲取信息的明確目標或具體計畫。很多有價值的信息是在你不經意的時候發現的。作為一個生意人，讀報、看電視、觀光旅遊、漫步、與人閒談，都要做個有心人，時時留意有價值的信息。

（二）是獲取信息的方法，就是帶有明確的目的，具體的計畫，運用一定的手段去獲取信息，這也就是我們平常說的市場調查。

如果你要生產或經銷某一種或某一系列產品，應對這一產品的市場需求量進行調查。也就是說，通過市場調查，對產品進行市場定位。比如你經銷某種家用電器，你應調查一下市場對這種家用電器的需求量，有無相同或相類似的產品，市場佔有率是多少。比如你提供一項專業的家庭服務專案，你應調查一下居民對這種項目的瞭解和需求程度，需求量有多大，有無其他人或公司提供相同的服務專案，市場佔有率是多少。市場需求調查的另一重要內容是市場需求趨勢調查。瞭解市場對某種產品或服務專案的長期需求態勢，瞭解該產品和服務專案是逐漸被人們認同和接受，需求前景廣闊，還是逐漸被人們淘汰，需求萎縮。瞭解該種產品和服務專案從技術和經營兩方面的發展趨勢如何等等。

這些顧客可以是你原有的客戶，也可能是你潛在的顧客。

顧客情況調查包括兩個方面的內容：

一、是顧客需求調查

例如，購買某種產品（或服務專案）的顧客大都是些什麼人（或社會團體、企業），他們希望從中得到那方面的滿足和需求（如效用、心理滿足、技術、價格、交貨期、安全感等），現時好些產品（或服務專案）能夠或者為什麼能夠較好地滿足他們某些方面的需要等。

二、是顧客的分類調查

重點瞭解顧客的數量、特點及分佈，明確你的目標顧客，掌握他們的詳細資料，如果是某類企業和單位的話，應瞭解這些單位的基本狀況，如進貨管道、採購管理模式，聯繫電話、辦公地址，某項業務負責人具體情況和授權範圍，對某種產品和服務專案的需求程度，購買習慣和特徵。如果顧客是消費者個人，應瞭解消費群體種類，即目標顧客的大致年齡範圍、性別、消費特點、用錢標準，對某種產品和服務專案的需求程度，購買動機、購買心理、使用習慣。掌握這些資訊，將為你有針對性開展業務做準備。

在開放的市場經濟條件下，做獨家買賣太難了，在你開業前，也許已有人做相同或類似的業務，這些就是你現實的競爭對手。也許你開展的業務是全新的，有獨到之處，在你剛開始經營的時候，沒有現實的對手；一旦你的生意興旺，馬上就會有許多人學習你的業務，競相加入你的競爭行列，這些就是你潛在對手。

知己知彼，方能百戰不殆，瞭解競爭對手的情況，包括競爭對手的數量與規模，分佈與構成，競爭對手的優缺點及行銷策略，做到心中有數，才能在激烈的市場競爭中佔據有利位置，有的放矢地採取一些競爭策略，做到人無我有，人有我優，人優我更優。

重點調查瞭解市場上經營某種產品或開展某種服務專案的促銷手段、行銷策略和銷售方式主要有哪些。如銷售管道、銷售環節，最短進貨距離和最小批發環節，廣告宣傳方式和重點，價格策略，有哪些促銷手段，有獎銷售還是折扣銷售，銷售方式有哪些，批發還是零售，代銷還是傳銷，專賣還是特許經營等，調查一下這些經營策略是否有效，有哪些缺點和不足，從而決策採取什麼經營策略、經營手段、提供依據。

市場調查可分為：訪問法、觀察法和試銷或試營法。

一、訪問法

即事先擬定調查專案，通過面談、信訪、電話等方式向被調查者提出詢問，以獲取所需要的調查資料。這種調查簡單易行，有時也不見得很正規，在與人聊天閒談時，就可以把你的調查內容穿插進去，在不知不覺中進行著市場調查。

二、觀察法

即調查人員親臨顧客購物現場，如商店和交易市場，親臨服務專案現場，如飯店內和客車上，直接觀察和記錄顧客的類別，購買動機和特點，消費方式和習慣，商家的價格與服務水準，經營策略和手段等，這樣取得的一手資料更真實可靠。要注意的是調查行為不要被經營者發現。

三、試銷或試營法

即對拿不準的業務，也可以通過初期試辦的營業，或產品試銷，來瞭解顧客的反映和市場需求情況。

在管理學上，詳實周延的市場調查是商業經營者立於不敗之地的唯一法則。所謂「打破砂鍋問到底」的精神，就是「摩斯科定理」的精華。

6·托得利定理

——一個人的智力是否上乘？看他在兩件不同事情中，是否還能精準判斷

「托利得定理」是由法國社會心理學家托利得提出的：測驗一個人的智力是否上乘，可以看看其腦子裡能否同時容納兩種相反的思想，而無礙於其處世行事。也可以說，同時考慮兩件相反的事，就不會在一件事情上固執己見。

兩種正反的思想共存，說明你能夠聽進不同意見，或者說，聽到反對意見不是暴跳如雷惱羞成怒，能把反對意見認真聽完，並加以分析，說明你已經將問題的兩個方面都考慮到了，如能夠充分加以分析，會對決策起到積極的影響。

《宋史》記載，有一天，宋太宗在北陪園與兩個重臣一起喝酒，邊喝邊聊，兩

臣喝醉了，竟在皇帝面前相互比起功勞來，他們越比越來勁，乾脆鬥起嘴來，完全忘了在皇帝面前應有的君臣禮節。侍衛在旁看著實在不像話，便奏請宋太宗，要將這兩人抓起來送吏部治罪。宋太宗沒有同意只是草草撤了酒宴，派人分別把他倆送回了家。第二天上午，他倆都從酒醉中醒來，想起昨天的事，惶恐萬分，連忙進宮請罪。宋太宗看著他們戰戰兢兢的樣子，便輕描淡寫地說：「昨天我也喝醉了，記不起這件事了。」

歷史上，三國時期的袁紹就是因為不能容忍反對意見，而最終以百萬之師敗給曹操七萬大軍的例子。袁紹兵多謀眾糧足，宜守；曹操兵強將勇糧少，宜速戰速決。袁紹起兵應戰，謀士田豐極力反對，被關入囚牢。袁紹果敗，大傷元氣，因大悔「吾不聽田豐之言，兵敗將亡；今回去，有何臉面見他呢！」另一謀士逢沉乘機進讒言，袁紹惱羞成怒，決意殺田豐。田豐在獄中，獄吏賀喜說：「袁將軍大敗而回，您一定又會被重用啊！」田豐悵然說：「我死定了，袁將軍外寬內忌，不念忠誠。若勝而喜，猶能赦我；今戰敗則羞，我沒希望活了。」果然使者奉命來殺田豐，最終田豐伏劍而死。

而曹操面對不同意見，採取的卻是與袁紹截然相反的兩種態度。曹操在初定河北後，又與眾人商議西擊烏桓；曹洪等人極力反對。曹操聽從郭嘉之言，費盡艱難破了烏桓。回到易州，重賞先曾諫者。誠心對眾將說：「我前者凌危遠征，僥倖成功。雖得勝，上天保佑，不可以為法。諸君之諫，乃萬安之策，是以相賞。以後不要怕提意見！」

田豐的反對意見是對的，袁紹卻把他殺了。像這樣的糊塗蛋，誰還會再提反對意見呢？怎麼會逃脫慘遭失敗、受人恥笑的結局呢？袁紹四世三公，根基深厚，曹操也深為嘆息：「河北義士，何其如此之多哉！唯袁氏不能用而，若袁氏善用之，我何敢小覷此地？」

而曹操用人則相反，他從善如流，不閉目塞聽，即使反對意見錯了，仍然大加獎賞，鼓勵大家多講。因為反對者總有反對的理由，其中必有可取之處。如果僥倖成功，就輕視取笑甚至懲罰提反對意見者，那只會讓眾人變得唯唯諾諾而已。

現代的領導者，都難免遇到下屬衝撞自己、對自己不尊的時候，學學宋太宗，既不處罰，也不表態，裝裝糊塗，行行寬容。這樣做，既體現了領導的仁厚，更展現了領導的睿智，不失領導的尊嚴，而又保全了下屬的面子。以後，上下相處也不會尷尬，你的部署更會為你傾犬馬之勞。對於一個企業，領導者的心胸寬廣能容納百川。但寬容並不等於是做「好好先生」，不得罪人，而是設身處地地替下屬著想，這樣的老闆不是父母官，也稱得上是一個修養頗高的領導者。

人非聖賢，孰能無過。很多時候，我們都需要寬容，寬容不僅是給別人機會，更是為自己創造機會。同樣老闆在面對下屬的微小過失時，則應有所容忍和掩蓋，這樣做是為了保全他人的體面和企業的利益.

我國古代有這樣一個故事，一位母親有兩個兒子，大兒子開染布作坊，小兒子做雨傘生意。每天，這位老母親都愁眉苦臉，天下雨了怕大兒子染的布沒法曬乾；天晴了又怕晴天小兒子做的傘沒有人買。一位鄰居開導她，叫她反過來想：雨天，小兒子的傘生意做得紅火；晴天，大兒子染的布很快就能曬乾。就是這種逆向思維使這位老母親從此天天眉開眼笑，活力再現。

「逆向思維」最寶貴的價值，是它對人們認識的挑戰，是對事物認識的不斷深化，並由此而產生「原子彈爆炸」般的威力。我們應當自覺地運用逆向思維方法，創造更多的奇蹟。

日本是一個經濟強國，卻又是一個資源貧乏的國家，因此他們十分崇尚節儉。當影印機大量吞噬紙張的時候，他們一張白紙正反兩面都利用起來，一張頂兩張，節約了一半。日本理光公司的科學家不以此為滿足，他們通過逆向思維，發明了一種「反影印機」，已經複印過的紙張通過它以後，上面的圖文消失了。重新還原成一張白紙。這樣一來，一張白紙可以重複使用許多次，不僅創造了財富，節約了資源，而且使人們樹立起新的價值觀：節儉固然重要，創新更為可貴。

想要說服他人，需要記住的最重要的一點就是，從對方的心理防線入手。對方之所以會反對你，並不是反對你這個人本身，而是反對你對問題或事情的觀點與態度。所以，為了緩和與對方的尷尬場面，就要首先找出與對方相一致的地方，也就是你們相同的立場，將彼此的分歧弱化、縮小，這樣對方就會從心裏開始願意接受你，願意傾聽你的觀點。既然對方已從心裏對你做了讓步，無形之中就拉近了彼此的距離。接下來，你可以讓先前已縮小的分歧慢慢浮出「水面」，問題自然就會好辨得多。

按常理來講，人們在思考的時候，通常都習慣沿著事物發展的正常方向來尋求解決之道。然而，對於一些特殊的問題，從結論往回推，倒過來思考，往往可以使問題簡單化，從而輕而易舉地就將難題攻破，有時還能有意外的收穫。

「逆向思維」也是激勵法則中最為常見的一種交際方式。如果利用這種反向推導的方法處理人際交往問題，往往能夠水到渠成，不費吹灰之力就能達到目的。尤其對我們消除人際困惑與矛盾有著非常好的效果。

「逆向思維」是激勵技巧的一個基本思維方法。有時通過反向推導，就會知道對方需要什麼，討厭什麼。當你知道這些之後，就能夠找到滿足對方的方式從而達到目的，避免影響或是破壞兩人之間的關係。

「托利得定理」卻認為，能夠一心二用，能夠在腦中同時考慮兩種截然相反的思想的人才是真的聰明。心中同時容納兩件完全不同的事情並不是人人都可以做到的。一個人如果能同時考慮兩件完全不同的事情，可以讓人的眼界大大拓寬，避免在某條錯誤的道路上「一條路走到黑」。

同時考慮兩件事情，就不會在一件事情上固執，人生就要懂得選擇，學會放棄。通曉進退規則，明白取捨之理。可現實生活中，總是有人患得患失，一條路跑到黑，並且負重前行，不懂得放下是一種智慧，時刻為完美所累。一些人在成功之路上費盡力氣，卻總是得不到盡如人意的回報。明智的做法是在沒有撞得頭破血流之前，及早改變人生的航向，拋棄固執的思維、儘快去除壓在身上負重，讓人生沒有累贅，輕裝上陣。

「托利得定理」告訴我們，具備同時考慮兩件以上事情的能力的人，其實就是高智商的人，我們雖然都是智力普通的人，但是我們確實可以塑造自己的行為，多聽一些反對意見，多參照一些不同的觀點，這樣就會更全面的做出決定，避免魯莽、一意孤行，用正確的決策去解決問題。

第四章

商場贏家的不滅定律

I・二五〇定律

——不能得罪任何一個客戶

「二五〇定律」，是美國著名的王牌推銷員喬・吉拉德提出的。

每一位顧客身後，大體有二五〇名親朋好友。如果你贏得了一位顧客的好感，就意味著有機會贏得了二五〇個人的好感；反之，如果你得罪了一名顧客，也就意味著可能得罪了二五〇名顧客。

美國著名推銷員喬・吉拉德在商戰中總結出了「二五〇定律」。他認為每一位顧客身後，大體有二五〇名親朋好友。這個定律有力地論證了「顧客就是上帝」的真諦。由此，我們可以得到如下啟示：必須認真對待身邊的每一個人，因為每一個人的身後都有一個相對穩定的、數量不小的群體。善待一個人，就像撥亮一盞燈，照亮一大片。

吉拉德成為汽車銷售員後不久，一位好友的母親過世了，他來到殯儀館悼念。在天主教葬禮儀式上，派發彌撒通知單是一道標準的程式，彌撒通知單上面印有已故人士的姓名和照片。吉拉德見過彌撒通知單已有多年，但他從未想過太多。然而，這一次他認真思考起來。印製這些彌撒通知單的成本一定很高。葬禮策劃者是如何知道需要印多少張的呢？他提出了這個疑問，「那只不過是經驗數據。」葬禮承辦者告訴他。

不久以後，吉拉德向一位開辦殯儀館，主要為新教徒服務的顧客銷售了一部汽車。完成交易後，他向這位顧客詢問一場葬禮平均有多少位參加者。「大約二百五十位親友。」對方答道。此時，一個念頭閃現在吉拉德的大腦里：這兒存在一條有效的規律，他可以運用這條規律為自己的事業服務。

這條規律便是：大多數人的一生中都有二五〇名重要的、有資格被邀請參加其葬禮的相關人員。這條規律非常簡單，但它真的非常有效。

我們也可以從這個角度看待「二五〇定律」：每一位與你做生意的顧客都代表著二五〇名潛在顧客。如果你的服務出色，你的每位顧客就有可能推薦另外二五〇人與你做生意；反之，如果你的服務拙劣，你就會塑造出二五〇個敵人。從長遠來看，給顧客提供持續、出色的服務─強化與顧客的關係，公平地對待他們，並滿足他們的需求─將會使銷售工作容易許多。

對吉拉德而言，這只不過是個簡單的數字遊戲：假如你遇到的顧客當中，通常有半數與你做成生意，而你每個月能夠遇到一百位顧客，那麼你每個月將做成50筆生意。如果每個月能夠遇到二百位顧客，你的銷售額將會提高一倍，即使你沒有採取其他的特別措施。

「可以肯定的是，你能夠吸引更多的顧客，」吉拉德解釋道，「而且，即便他們的購買頻率和數量不變，你的銷售額也將逐步攀升。」

喬・吉拉德是世界上最偉大的銷售員，他連續十二年榮登世界金氏記錄：世界銷售第一的寶座，他所保持的世界汽車銷售紀錄：連續十二年平均每天銷售六輛車，至今無人能破。

由於他創下非凡的業績，喬・吉拉德也成為全球最受歡迎的演講大師，他曾為眾多世界五百強企業精英傳授他的寶貴經驗，來自世界各地數以百萬的人們被他的演講所感動，被他的事跡所激勵。

三十五歲以前，喬．吉拉德是個全盤的失敗者，他患有相當嚴重的口吃，換過四十個工作，仍一事無成，甚至曾經當過小偷，開過賭場；然而，誰能想像得到，像這樣一個誰都不看好，而且是背了一身債務幾乎走投無路的人，竟然能夠在短短三年內爬上世界第一，並被金氏世界紀錄稱為「世界上最偉大的推銷員」。他是怎樣做到的呢？「虛心學習、努力執著、注重服務與真誠分享」是喬．吉拉德四個最重要的成功關鍵。

喬．吉拉德，因售出一萬三千多輛汽車創造了商品銷售最高紀錄而被載入金氏記錄大全。他曾經連續十五年成為世界上售出新汽車最多的人，其中六年，每年平均售出汽車一千三百輛。

在每位顧客的背後，都大約站著二五〇個人，這是與他關係比較親近的人：同事、鄰居、親戚、朋友。如果一個推銷員在年初的一個星期里見到五十個人，其中只要有兩個顧客對他的態度感到不愉快，到了年底，由於連鎖影響就可能有五千個人不願意和這個推銷員打交道，他們知道一件事：不要跟這位推銷員做生意。這就是喬．吉拉德的「二五〇定律」。由此，喬．吉拉德得出結論：在任何情況下，都不要得罪哪怕是一個顧客。

在喬・吉拉德的推銷生涯中，他每天都將二五〇定律牢記在心，抱定生意至上的態度，時刻控制著自己的情緒，不因顧客的刁難，或是不喜歡對方，或是自己心緒不佳等原因而怠慢顧客。喬・吉拉德說得好：「你只要趕走一個顧客，就等於趕走了潛在的二五〇個顧客。」

喬・吉拉德認為，每一位推銷員都應設法讓更多的人知道他是幹什麼的，銷售的是什麼商品。這樣，當他們需要他的商品時，就會想到他。喬・吉拉德拋散名片是一件非同尋常的事，人們不會忘記這種事。當人們買汽車時，自然會想起那個拋散名片的推銷員，想起名片上的名字：喬・吉拉德。同時，要點還在於，有人就有顧客，如果你讓他們知道你在哪裡，你賣的是什麼，你就有可能會得到更多的生意機會。

喬・吉拉德說：「不論你推銷的是任何東西，最有效的辦法就是讓顧客相信——真心相信——你喜歡他，並且關心他。」如果顧客對你抱有好感，你成交的希望就增加了。要使顧客相信你喜歡他、關心他，那你就必須瞭解顧客，搜集顧客的各種有關資料。

喬．吉拉德中肯地指出：「如果你想要把東西賣給某人，你就應該盡自己的力量去收集他與你生意有關的情報……不論你推銷的是什麼東西。如果你每天肯花一點時間來瞭解自己的顧客，做好準備，鋪平前進的道路，那麼，你就不愁沒有自己的顧客。」

剛開始工作時，喬．吉拉德把搜集到的顧客資料寫在紙上，塞進抽屜裡。後來，有幾次因為缺乏整理而忘記追蹤某一位準顧客，他開始意識到自己動手建立顧客檔案的重要性。他去文具店買了日記本和一個小小的卡片檔案夾，把原來寫在紙片上的資料全部做成記錄，建立起了他的顧客檔案。

喬．吉拉德認為，推銷員應該像一臺機器，具有錄音機和電腦的功能，在和顧客交往過程中，將顧客所說的有用情況都記錄下來，從中把握一些有用的材料。

喬．吉拉德說：「在建立自己的卡片檔案時，你要記下有關顧客和潛在顧客的所有資料，他們的孩子、嗜好、學歷、職務、成就、旅行過的地方、年齡、文化背景及其它任何與他們有關的事情，這些都是有用的推銷情報。所有這些資料都可以幫助你接近顧客，使你能夠有效地跟顧客討論問題，談論他們自己感興趣的話題，有了這些材料，你就會知道他們喜歡什麼，不喜歡什麼，你可以讓他們高談闊論，興高采烈，手舞足蹈……只要你有辦法使顧客心情舒暢，他們是一定不會讓你大失所望的。」

喬．吉拉德認為，幹推銷這一行，需要別人的幫助。他的很多生意都是由「獵犬」（那些會推薦以及介紹別人到他那裡買東西的前顧客）幫助的結果。喬．吉拉德的一句名言就是：「買過我汽車的顧客，都會幫我推銷。」

在生意成交之後，喬．吉拉德總是把一疊名片和獵犬計劃的說明書交給顧客。說明書告訴顧客，如果他介紹別人來買車，成交之後，每輛車他會得到25美元的酬勞。幾天之後，喬．吉拉德會寄給顧客感謝卡和一疊名片，以後至少每年他會收到喬．吉拉德的一封附有獵犬計劃的信件，提醒他喬．吉拉德的承諾仍然有效。如果喬．吉拉德發現顧客是一位領導人物，其他人會聽他的話，那麼，喬．吉拉德會更加努力促成交易並設法讓其成為獵犬。

實施獵犬計劃的關鍵是守信用——一定要付給顧客25美元。喬．吉拉德的原則是：寧可錯付50個人，也不要漏掉一個該付的人。一九七六年，獵犬計劃為喬．吉

拉德帶來了一百五十筆生意，約占總交易額的三分之一。喬．吉拉德付出了一千四百美元的獵犬費用，收穫了七萬五千美元的佣金。

誠實，是推銷的最佳策略，而且是惟一的策略。但絕對的誠實卻是愚蠢的。推銷容許謊言，這就是推銷中的「善意謊言」原則。喬．吉拉德對此認識深刻。誠為上策，這是你所能遵循的最佳策略。可是策略並非是法律或規定，它只是你在工作中用來追求最大利益的工具。因此，誠實就有一個程度的問題。

推銷過程中有時需要說實話，一是一，二是二。說實話往往對推銷員有好處，尤其是推銷員所說的，顧客事後可以查證的事。喬．吉拉德說：「任何一個頭腦清醒的人都不會賣給顧客一輛六汽缸的車，而告訴對方他買的車有八個汽缸。顧客只要一掀開車蓋，數數配電盤，你就死定了。」

如果顧客和他的太太、兒子一起來看車，喬．吉拉德會對顧客說：「你這個小孩真可愛。」這個小孩也可能是有史以來最難看的小孩，但是如果要想賺到錢，就絕對不可這麼說。喬．吉拉德善於把握誠實與奉承的關係。儘管顧客知道喬．吉拉德所說的不儘是真話，但他們還是喜歡聽人奉承。少許幾句贊美，可以使氣氛變得更愉快，沒有敵意，推銷也就更容易成交。

有時，喬．吉拉德甚至還撒一點小謊。他看到過推銷員因為告訴顧客實話，不肯撒個小謊，平白失去了生意。顧客問推銷員他的舊車可以折合多少錢，有的推銷員粗魯地說：「這種破車……」喬．吉拉德絕不會這樣，他會撒個小謊，告訴顧客，一輛車能開上12萬公里，他的駕駛技術的確高人一等。這些話使顧客開心，贏得了顧客的好感。

喬．吉拉德有一句名言：「我相信推銷活動真正的開始在成交之後，而不是之前。」推銷是一個連續的過程，成交既是本次推銷活動的結束，又是下次推銷活動的開始。推銷員在成交之後繼續關心顧客，將會既贏得老顧客，又能吸引新顧客，使生意越做越大，客戶越來越多。

「成交之後，仍要繼續推銷。」這種觀念使得喬．吉拉德把成交看作是推銷的開始。喬．吉拉德在和自己的顧客成交之後，並不是把他們置於腦後，而是繼續關心他們，並恰當地表示出來。

喬．吉拉德每月要給他的一萬多名顧客寄去一張賀卡。一月份祝賀新年，二月份紀念華盛頓誕辰日，三月份祝賀聖帕特里克日……凡是在喬・吉拉德那裡買了汽車的人，都收到了喬・吉拉德的賀卡，也就記住了喬・吉拉德。

正因為喬・吉拉德沒有忘記自己的顧客，顧客才不會忘記喬・吉拉德。

要在商品銷售中用好吉拉德的「二五〇定律」，第一步就是確定最佳顧客的形象，或者，如果目前沒有最佳顧客，可以想像最佳顧客會是什麼樣子。看看那些從這裡購買過產品的顧客，就基本上能夠確認自己的「潛在顧客」，即將來可能向購買產品的企業和個人。

在尋找客戶線索之前，需要明確以下幾點：能夠提供什麼？提供的產品或服務能解決什麼問題？競爭對手是誰？產品有什麼特別之處？有什麼特別的競爭優勢？找到目標顧客和最有利可圖的顧客的線索，確定這些顧客所在的行業、規模、決策者、購買模式等。

下一步就是做好行動規劃。這意味著需要確定預算，包括能夠投入的資金和時間。還需要列出你將採取的具體行動，以及何時會實施這些行動。

應該朝哪個方向努力呢？需要將60％的預算用於顧客，30％用於獲得目標顧客線索，10%用於品牌效應的打造。現有顧客是最有可能的新業務來源，但是每位銷售人員都應該去尋找新的機會和客戶。

要挖掘到好的銷售線索，你需要實施一項計劃。

以下是你可以採取的一些行動步驟：

（一）創建一個便於瀏覽、更新及時、內容充實的網站，以鼓勵顧客與你進行交流，並確保網站簡潔而專業。

（二）創建電子郵件簡報，並定期向郵件列表中的每位成員發送。簡報應內容充實、準確，以一頁為宜，便於閱讀。

（三）在投資俱樂部、高科技協會等場合主動就相關主題發言。在這些場合，儘量收集更多的名片。如果你是演講者，在演講快要結束時提供一些有意義的信息。

（四）參加所有相關的展銷會，並儘量與潛在顧客預約單獨面談。如果在展銷會上擁有展位，確保任何時候都有員工在場，且避免在顧客之間設置阻擋物。此外，儘量收集更多的名片，必要時也可提供些有價值的東西。

（五）每個季節都向媒體發布新的信息。包括新的產品或服務、成功客戶案例、新流程或方法等。

（六）如果有新的故事要講，有具有創新意義的產品要展示，或者有獨特的專業知識要傳授，將其編成白皮書發布出去，並將它作為免費的市場報告發給網站訪客。

（七）成立某一特定行業的地方性組織。

（八）與老朋友、同事和商業夥伴保持聯繫。有顧客線索能夠共享。

（九）如果當地報紙已經公布了某些人將被提拔為某些公司新的總裁或得到其他升遷機會，恭喜獲得升遷，並預祝成功。此外，記得加入聯繫名單。

（十）參加派對、運動會或鄰里會議時，主動介紹自己。

（十一）與可能提供配套產品或服務的企業建立關係。這種聯盟可以提供不少顧客的線索。

（十二）定期拜訪現有顧客，以尋求對客戶服務的反饋。例如，對客戶服務的滿意度如何？獲得了需要的產品或服務支持嗎？

在應用吉拉德的「二五〇定律」的第一個月，未必就能達成大筆生意。但是隨著時間的推移，正如吉拉德自己的事業上升軌跡所顯示的那樣，這種培養潛在客戶的方法，一定會打消打老是陌生推銷電話的陳舊念頭。

2・曼狄諾定律

——微笑是世上最有效的武器

「曼狄諾定律」主張人們應該微笑，微笑擁有巨大的魔力，更重要的真心的微笑像黃金一樣燦爛。

奧格・曼狄諾一九二四年出生於美國東部的一個普通家庭，在28歲以前，他是幸運的，讀完了學校，有了工作，並娶了妻子。但是後來，面對人世間的種種誘惑，由於自己的愚昧無知和盲目衝動，他犯了一系列不可饒恕的錯誤，最終失去了自己一切寶貴的東西——家庭、房子和工作，幾乎赤貧如洗。於是，他如盲人瞎馬般開始到處流浪，尋找自己，尋找賴以度日的種種答案。

兩年後，在一座教堂裏，他認識了一位受人尊敬的牧師。牧師同他展開了交談並解答了他提出的許多困擾人生的問題。臨走的時候，牧師送給他一部聖經，此外，還有一份書單，上面列著11本書的書名。它們是：《最偉大的力量》、《鑽石寶地》、《思考的人》、《向你挑戰》、《富蘭克林自傳》、《獲取成功的精神因素》、《思考致富》、《從失敗到成功的銷售經驗》、《神奇的情感力量》、《愛的能力》和《信仰的力量》等等。

「曼狄諾定律」就是他關於自己人生經歷與學識提出的理論。

當前，微笑的作用受到了普遍重視。國外許多知名企業都要求管理人員學習微笑，以微笑待人，把學習微笑作為員工的必修課，以微笑樹立良好形象、提升服務的品質。以微笑展現良好工作作風。就社會角色而言，每個人更需要學會微笑。因為微笑表達的是認同、肯定、贊許，是理解、寬容、關愛——上級對下級微笑，下級就會產生「重要感」，消除陌生感；對下級板著面孔，下級就會產生自卑感，加劇緊張感。從這個意義上說，一個單位的上司、領導會不會微笑，直接影響內部的人際關係、精神氛圍和辦事效率。

在現實生活中，也有一些領導者對微笑的作用存有誤解。他們認為，領導者應該表情嚴肅，嚴肅才能有威嚴；如果常常微笑，就會失去威嚴。其實，嚴肅需要，微笑同樣需要。有的場合需要嚴肅，有的場合需要微笑；有的時候需要嚴肅，有的時候需要微笑。不能不分場合、時間、對象，一概表情嚴肅，或者一概予以微笑。該微笑時就微笑，既不會失去應有的威嚴，反而能增加自身的魅力。

空姐對著鏡子練習微笑，有人說我也知道微笑的重要，可是我天生不會微笑，怎麼辦？其實，這個問題並不難解決。有效的辦法是，早上起來梳洗時經常對著鏡子學習微笑。當然，學習微笑，應從內心學起。有的人說，我心裡有苦惱、有憂愁，想笑也笑不出來啊！的確，心有戚戚，很難「產生」微笑。但是，我們應該懂得，個人的情緒不好，不應該帶到工作中，也不應該影響他人。最好的選擇是，以微笑減緩苦惱和憂愁，以微笑對待他人和工作。可以說，自己處於困苦之境卻仍能予人微笑，這是一種境界。

微笑是省力的，又是不易的。說它省力，是因為微笑只需動用13塊面部肌肉，而皺眉蹙額需要動用47塊面部肌肉；說它不易，是因為微笑來自愛心真情，來自寬闊胸襟，需要一定的修養和長期的堅持。所以，學會微笑應該成為人際關係中的必修課程！

美國著名的企業家吉姆．丹尼爾靠一張「笑臉」神奇般地挽救了負債累累、瀕臨破產的企業。丹尼爾把「一張笑臉」作為公司的標誌，公司的標誌、信箋、信封上都印上了一個樂呵呵的笑臉。他總是以「微笑」飛奔於各個車間，執行公司的命令，進行自己的管理。結果，員工們漸漸被他感染，公司在幾乎沒有增加投資的情況下，生產效率竟然提高了80％。公司員工更顯得友愛和諧，上下同心同德，其樂融融，公司的信譽和形象大增，客戶盈門，生意紅火，不到五年，公司不僅還清了所有欠款，而且盈利豐厚。

微笑可以讓領導與員工之間更容易溝通，可以使企業形象更深刻地印在客戶的腦海中，能夠為企業帶來意想不到的收穫。如何在企業內部實施微笑管理，做出如下建議：

一、**管理者要做到言情一致**——在與員工進行工作交談時，不論遇到什麼問題，一定要冷靜處理，語言與表情要保持一致，儘量用微笑替代僵硬的表情。當表揚員工的工作成績時，口頭贊許外加微笑，可以表現出管理者態度的真誠。

二、**以關心、幫助人的態度處理工作中矛盾**——指導工作時，不要擺出高高在上的架式，更不要以命令式的口吻進行交談，錯誤地以為臉色越沉，聲音越大，威信就會越高，這樣做的結果往往適得其反。

三、當員工出現工作失誤時，切忌當眾嚴詞批評與指責——這樣只會把事情搞得更糟，甚至會傷害員工的自尊心，造成員工心情不佳或出現逆反心理或行為。

四、管理者經常把微笑掛在臉上——微笑會傳染給每一位員工，原本緊張的工作氣氛會變得輕鬆活潑，員工心情愉悅，就會愉快地接受各項指令，工作效率也會隨之提高。

五、讓微笑傳遍企業——員工之間也能做到微笑交流，並將微笑很自然地帶給客戶，這樣不僅可以提升企業的外在形象，更有可能為企業創造更多的利潤。

微笑是最好的名片——「曼狄諾定律」的作用可以簡單的說成是微笑的作用，微笑在曼狄諾定律裡起到了最關鍵的作用。

在人際交往中，保持微笑，至少有以下四個積極作用：

一、表現心境良好——面露平和歡愉的微笑，說明心情愉快，充實滿足，樂觀向上，善待人生，這樣的人才會產生吸引別人的魅力。

二、表現充滿自信——面帶微笑，表明對自己的能力有充分的信心，以不卑不亢的態度與人交往，使人產生信任感，容易被別人真正地接受。

三、**表現真誠友善**——微笑反映自己心底坦蕩，善良友好，待人真心實意，而非虛情假意，使人在與其交往中自然放鬆，不知不覺地縮短了心理距離。

四、**表現樂業敬業**——工作崗位上保持微笑，說明熱愛本職工作，樂於克盡職守。如在服務崗位，微笑更是可以創造一種和諧融洽的氣氛，讓服務對象倍感愉快和溫暖。

一個人的心境，別人是看不見的。只有通過他的表現和行為舉止，別人才能有所了解。當然，一個人認為是快樂的事，另一個人卻未必認為快樂。總之，快樂是很奇怪的，因人而異，因事而異。事實上，這種東西，很大一部分是源自一種心理上的滿足。

有一位大學校長在新生接待會上，笑呵呵地問了一個這樣的問題：「同學們，你們快樂嗎？」

「快樂！」下面的同學立即歡呼起來。

「好，好！我的話就到此結束了。」

大家驚愕了半天，然後才恍然大悟，頓時笑聲、掌聲大作。

這位頗為風趣的校長很了解學生的心理，也很了解人的心理。他必定是認為人的根本目的是追求快樂。如果大家都很快樂，自己就不必再掃別人的興了。沒有冗長的訓詞，卻激勵大家的熱情，他的做法也實在高明。

快樂的反面是痛苦。痛苦從何處而來？人生來便具有各種需要和欲望。這些需要和欲望一旦得不到滿足，也就是理想和現實之間出現差距時，人便產生了匱乏感，也就帶來了痛苦。痛苦無時不在，無處不有，它像惡魔一樣折磨著我們，企圖使我們拜倒在它的腳下。而人越是痛苦，就越覺得快樂的可貴，越拼命去追求快樂。然而，一但他得到新的快樂，新的痛苦又立刻產生。痛苦是沒有止境的，因為人的慾望無止境。那麼，我們是不是就不應該去追求快樂呢？不！快樂是能追求到的。儘管人的慾望無窮，只要我們能知足，便能常樂。

知足的人即滿足於自我的人，知足者能認識到欲望是無止境的，所以對於不如意之事，如果學會用微笑以對，那麼只要得到了一點點的滿足，快樂便油然而生；每上一個臺階，快樂的程度也會上升到另一層的臺階上。

3．凡勃倫效應

——商品價格定得越高，越能暢銷

凡勃倫（一八五七～一九二九）在他的《有閒階級論》書中揭示並分析了一個現象——價格越高越好賣，被稱為「凡勃倫效應」。在書中，凡勃倫把商品分為兩類，一類是非炫耀性商品，一類是炫耀性商品。非炫耀性商品僅僅發揮了其物質效用，滿足了人們的物質需求。而炫耀性商品不僅具有物質效用，而且能給消費者帶來虛榮效用，使消費者擁有該商品而獲得受人尊敬、讓人羨慕的滿足感。鑒於此，消費者都會不遺餘力的去購買那些能夠引起別人尊敬和羨慕的昂貴的商品。

隨著社會經濟的發展，人們消費會隨著收入的增加，而逐步由追求質量和數量過渡到追求品位格調。瞭解了「凡勃倫效應」，我們也可以利用它來探索新的經營策略。比如憑藉媒體的宣傳，將自己的形象轉化為商品或服務上的聲譽，使商品附帶上一種高層次的形象，給人以「名貴」和「超凡脫俗」的印象，從而加強消費者對商品的好感。

這種價值的轉換在消費者從數量、質量購買階段過渡到感性購物階段時，就成為可能。實際上，在一些發展中的國家，創造了許多大富豪，當然其中不乏有暴發戶的存在，感性消費已經逐漸成為一種時尚，而只要消費者有能力進行這種感性購買時，「凡勃倫效應」就可以被有效地轉化為提高市場購買力的營銷策略。

凡勃倫所提出的，為我們揭示了一個很重要的現象：消費行為在本質上是一種容易受別人引導的活動。消費背後的潛在動機是模仿和爭勝，處在較低階層的人士，會模仿高階層人的消費樣式。

「凡勃倫效應」讓我們懂得，決定需求的，並非只有價格和效用，還有人類的心理和文化因素。人們出於某種心理需要，常常導致他們購買一些不但高價、而且自己並不需要的東西。消費者購買這類商品的目的，並不僅僅是為了獲得直接的物質滿足和享受，更大程度上是為了獲得心理上的滿足。

當然，凡勃倫承認，具有藝術價值的物品之所以可貴，是在於它們具有藝術上的真正價值。否則，人們就不會這樣其欲逐逐，已經據為己有的人就不會如此洋洋得意，誇為獨得之秘。然而，凡勃倫同樣意識到，這類物品對佔有者的效用，一般主要不在於它們所具有的藝術上的真正價值，而在於佔有或消費這類物品可以增加榮譽，可以顯示出在社會上的身分與地位。

換句話說，這類物品之所以能夠引起獨佔欲望，或者說之所以能夠獲得商業價值，與其將它所具有的美感作為基本動機，不如將其作為誘發動機。「一切珠玉寶石在官能上的美感是巨大的。這些物品既稀罕，又保值，因而顯得更加名貴。假設價格低廉的話，是決不會這樣的。」這就是所謂的「凡勃倫效應」。

在此基礎上，凡勃倫敏銳地指出：從使用和欣賞一件高價的，而且認為是優美的藝術品中所得到的高度滿足，在一般情況下，大部分是出於美感名義假託之下的高價感的滿足。對於優美的藝術品比較重視，但是，所重視的往往是它所具有的較大的榮譽性，而不是它所具有的美感。「因為審美力的培養需要花費很長的時間和很多的精力。」他甚至進一步認為：任何貴重的藝術品，要引起美感，就必須能同時適應美感和高價兩個特徵。

除此之外，高價這個準則還影響著我們的愛好，使我們在欣賞藝術品時把高價和美感這兩個特徵完全融合在一起，然後把由此形成的效果，假託於單純的藝術欣賞這個名義之下。於是，藝術品的高價特徵逐漸被認為是高價藝術品的美感特徵。某種藝術品既然具有光榮的高價特徵，就令人覺得可愛，而由此帶來的快感，卻同它在形式和色彩方面的美麗所提供的快感合二為一，不再能加以區別。

因此，凡勃倫認為：當稱讚某件藝術品時，如果把這件藝術品的藝術價值分析到最後，就會發現，意思是說，這件藝術品具有金錢上的榮譽性。由於重視藝術品的高價特徵這個習慣進一步鞏固，而且，人們也已經習慣於把美感和榮譽兩者視為一體，大家逐漸形成了這樣的觀念：凡是價格不高的藝術品，就不能算作美的。

一九九〇年，在紀念梵谷逝世一百周年的熱潮中，梵谷的作品《加歇醫生的肖像》在嘉士得拍賣公司以八二五〇萬美元的價格被日本紙業大王齋藤英奪得，創下了當時藝術品拍賣的最高成交價。與此同時，還以七八一〇萬美元的價格買下了雷諾瓦的作品《紅磨坊的舞會》。儘管花費不菲，齋藤英卻「連叫便宜」。另據蘇富比拍賣公司和嘉士得拍賣公司的不完全統計，截止到一九八九年11月，從蘇富比拍賣公司和嘉士得拍賣公司賣出的名畫中，美國人購得了其中的25%，歐洲人購得了其中的35％，而日本人的購買量高達40％，成為最大的買主。

值得一提的是，儘管這些看似「非理性」的購買行為極大地滿足了炫耀性消費心理，不過，此後的結果卻不容樂觀。一九九七年以來，由於日本「泡沫經濟」的破滅，東南亞金融危機的影響，以及日本經濟體制所存在的一系列結構性矛盾，日本經濟陷入了以通貨緊縮為主要特徵，並伴隨階段性衰退的長期停滯。昔日被搶購來的西方名畫，開始陸續流向經濟增長相對穩定的歐美國家。據蘇富比拍賣公司的估計，在該公司一九九八年上半年受委託拍賣的繪畫作品中，有大約40％來自日本。嘉士得拍賣公司也發現，日本人委託該公司拍賣的繪畫作品也大大增加。光在一九九七年，日本人通過拍賣公司拍賣的藝術品總額達到了二千五百萬英鎊。

事實上，在日常生活中，當人們得知某人從事收藏活動，就會覺得這個人非常有品位；當人們得知某人收藏了珍貴的藝術品，更會覺得這個人很有身價。正是由於這個原因，古今中外的很多大富翁，例如美國的洛克菲勒、英國的伯利爾，往往不惜鉅資收購各種藝術品。今天，即使是美國微軟公司董事長蓋茨這樣的IT新貴也開始頻頻在藝術品拍賣市場露面，讓人們感受到了收藏的巨大魅力。研究發現，人們從事收藏，多少都存在著自我包裝的動機，目的是向周圍的人展示自己的價值觀或興趣。很多傳記文獻都對收藏者尋找社會承認和永載史冊的動機施以重墨。因為一般來說，只要提到成功的收藏家，人們就會自然而然地認為他們擁有很高的品位和鑒賞力。

事實上，藝術品作為一種投資工具（有效的投機工具）的意義甚微。收藏者通常會由於其他愛好者或鑒定者對其所選擇藝術品的美學評價感到欣喜若狂。因為一旦收藏成功了，「永載史冊的想法就得以夢想成真」。換句話說，很多收藏家購買藝術品的動機完全與藝術本身無關。從事收藏的重要目的之一是為了顯現社會聲望，為了給人有文化修養的印象。

很多巨富收藏家一直對建造自己的博物館樂此不疲，因為這可能最終成為億萬富翁身份的象徵。例如，石油鉅賈梅尼爾一輩子都熱衷於收藏，迄今為止已經收藏了幾萬件藝術品。他在休士頓建立了自己的博物館，這座由義大利著名建築師倫佐・皮亞諾設計的博物館是世界上最好的博物館之一。這顯然可以在很大程度上提高他的社會聲望和藝術品位，並成為他的億萬富翁身份的重要象徵。

又如，儘管石油大亨哈默因為收藏有數千件世界名畫，而被譽為世界上首屈一指的收藏家。他一生中最渴望得到的藝術品是雷諾瓦的作品《船上集會的午宴》，但收藏該畫的菲力浦卻一直不肯割愛。哈默對此耿耿於懷。他曾經宣稱：如果這幅畫出現在拍賣會上，他將不惜賣掉美國西方石油公司的股份來購買。

從某種意義上講，「凡勃倫效應」是一種社會心理效應，而不完全是一種經濟效應。因為凡勃倫所說的炫耀性消費，實際上必須依賴於個人對群體的預期才能真正起作用。這就是說，在凡勃倫看來，具有藝術價值的物品帶給購買者的總效益；不僅包括由於直接「消費」這件物品所帶來的「物理效益」，而且包括由於這件物品本身的高昂價格所帶來的「社會效益」。

有一天，一位禪師為了啟發他的門徒，給他一塊石頭，叫他去蔬菜市場，並且試著賣掉它，這塊石頭很大，很美麗。但是師父說：「不要賣掉它，只是試著賣掉它。注意觀察，多問一些人，然後只要告訴我在蔬菜市場它能賣多少。」

這個人去了。在菜市場，許多人看著石頭想：它可作很好的小擺件，我們的孩子可以玩，或者我們可以把它當作稱菜用的秤砣。於是他們出了價，但只不過幾個小硬幣。那個人回來。他說：「它最多只能賣幾個硬幣。」師父說：「現在你去黃金市場，問問那兒的人。但是不要賣掉它，光問問價。」從黃金市場回來，這個門徒很高興，說：「這些人太棒了。他們樂意出到一千塊錢。」

師父說：「現在你去珠寶市場那兒，低於五十萬不要賣掉。」他去了珠寶商那兒。他簡直不敢相信，他們竟然樂意出五萬塊錢，他不願意賣，他們繼續抬高價格——他們出到十萬。但是這個門徒說：「這個價錢我不打算賣掉它。」他們說：「我們出二十萬、三十萬！」這個門徒說：「這樣的價錢我還是不能賣，我只是問問價。」雖然他覺得不可思議：「這些人瘋了！」他自己覺得蔬菜市場的價已經足夠了，但是沒有表現出來。最後，他以五十萬的價格把這塊石頭賣掉了。

他回來，師父說：「不過，現在你明白了，這個要看你是不是有試金石、理解力。如果你不要更高的價錢，你就永遠不會得到更高的價錢。」

在這個故事裏，師父要告訴徒弟是關於實現人生價值的道理，但是從門徒出售石頭的過程中，卻反映出一個經濟規律：「凡勃倫效應」。

與住豪宅、開名車、帶名錶、購買各種奢侈品一樣，有錢的暴發戶重金徵婚這種消費的目的並不僅僅是為了獲得直接的物質滿足與享受（不過，似乎還沒有發現哪位暴發戶通過登廣告徵婚而求得美滿的姻緣）；而在更大程度上是為了獲得一種社會心理上的滿足（公眾的關注和私人財富、身份地位的充分展示，一擲千金，閱盡美女的快感）。這種「炫耀性消費」在經濟學上被稱為「凡勃倫效應」，它是指存在於消費者身上的一種商品價格越高，反而越願意購買的消費傾向。

4・名人效應

——另類的品牌效應

「名人效應」是指名人的出現所產生的引人注意、強化事物、擴大影響的效應，或人們模仿名人的心理現象。說白了，名人效應就是一種品牌效應，我們通常看到的廣告就是很好的例子，我們崇拜的偶像拍廣告、代言產品，從某種程度上就能刺激消費。更深層的意義還有名人舉辦慈善活動，能夠很好地帶動整個社會幫助弱者，還能提升名人的自身價值。如今社會的方方面面都受到了名人效應的影響。

這種名人效應帶來的商業效益給很多人帶來了貨真價實的財富。在日常生活中，很多人都利用起這種名人效應，而且這種現象愈演愈烈。

美國心理學家做過一個證明「名人效應」的有趣實驗。這位心理學家從外校請來一位德語老師，在給他的心理學學生講課時，告訴大家，今天為大家請來了一位著名的科學家，然後，「科學家」對學生們說，他發現了一種新的化學物質，具有強烈的氣味，但是對人的身體是沒有害處的，只是為了測試一下大家的嗅覺，然後他打開瓶蓋，過了一會，他問有哪些同學聞到了氣味，看到不少同學紛紛舉手。心理學家在心裡暗暗笑了，其實，德語老師打開的瓶子裡裝的只是蒸餾水，沒有任何氣味。這證明「名人效應」的實驗成功了。

「白得耀眼，才能紅得亮眼。」最近有名女歌手代言的一支牙膏廣告是強調美白效果的，廣告開始只見紅豔豔的紅色唇膏配上白得發亮發光的牙齒，真是叫人心動不已，別說是一口爛黃牙的會馬上去買，就連一般擁有健康牙色的人，也會衝動地想試試……結果如何？保證不是你想的那樣！

在美國的華爾街，一位剛畢業的商學院的學生在他的辦公室牆壁的中央掛著一幅美國石油大王洛克菲勒的照片作為裝飾。雖然他和照片上的人物毫無瓜葛，但是這幅照片總是使得別人聯想到他與石油大王有某些關係。這位學生利用人們的心理錯覺將計就計，與很多大富翁交往，在他們的幫助下，使得業務蒸蒸日上，邁向成功的第一步……

有一位剛開始創業的老闆，在接待客戶時候，一旦判斷對方能夠有權做出重大的決定，他就會帶客戶去自己平時也不進入的豪華的酒店或者是俱樂部去，熱情款待對方。為了達到更好的效果他事先會先到酒店或是俱樂部去認識裏面的經理或是接待人員。當客人前來，他便會與事先認識的經理或是接待人員寒暄，被招待的客戶就會認為他經常來此，並認定其非常有實力，便下定決定與其合作，往往能夠成功簽約。這位老闆的事業也在幾年之內就做大了。老闆的成功在於他懂得借勢，借助豪華酒店與俱樂部的名氣來提升自己公司的聲譽。

翻開歷史，古往今來的成功者，誰也不是一生下來就大名鼎鼎，一出生就風光耀眼，一呼百應。他們大多總是先隱蔽在某些大人物後面，借他的面目來攏絡各路豪傑，借他的聲望來壯大自己的聲勢，一旦時機成熟，或者另起爐灶，或者躍著別人的肩膀往上爬，或者反客為主，把別人吃掉。在做到這一步之前，先把自己的狐狸尾巴藏起來，拉一面大旗作虎皮。

拉大旗作虎皮，在各行各業都起著不尋常的作用。做生意則更要找名人，像美國著名影星克拉克．蓋博在電影裡脫掉襯衫，赤裸上半身，就這麼一個鏡頭，竟使得美國貼身內衣的銷售量急遽下降。而英國王妃戴安娜帶頭穿平底鞋，英國市場上的高跟鞋就無人問津了……這些都是名人效應，有意識地借用，就是借名效應。

攀龍附鳳之心大部分世人都有，誰不希望有個聲名顯赫的朋友：一個明星，或者隨便什麼大人物，如果能與他們牽扯上一定的關係，自己也便沾上了榮耀，在別人眼裏也就身價大增了。

除了廣告，名人效應還廣泛存在電影和電視劇市場中。導演或製片人就是藉助影片中的名人來迅速提高影片的知名度，進而提高影片的票房。

由此看來，名人效應真的是隨處可見。藉助名人，讓更多的人認識你、了解你，就會給你更多的機會，你就會有更多的發展空間來證明自己。所以，一定不要拒絕「名人」帶給你的幫助。

5・權威效應

——權威人士不是上帝，不可盲信

「權威效應」又稱為「權威暗示效應」。

「權威效應」的普遍存在，首先是由於人們有「安全心理」，即人們總認為權威人物往往是正確的楷模，服從他們會使自己具備安全感，增加不會出錯的「保險係數」；其次是由於人們有「贊許心理」，即人們總認為權威人物的要求往往和社會規範相一致，按照權威人物的要求去做，會得到各方面的贊許和獎勵。

權威暗示效應的寓意：迷信則輕信，盲目必盲從權威暗示。權威效應在實際生活中的運用：在現實生活中，利用「權威效應」的例子很多：做廣告時請權威人物讚譽某種產品，在辯論說理時引用權威人物的話作為論據等等。在人際交往中，利用「權威效應」，還能夠達到引導或改變對方的態度和行為的目的。

「權威效應」無所不在。在很多起航空事故中，人們都發現，機長所犯的錯誤往往十分明顯，但副機長卻沒有針對這個錯誤採取任何行動，最終導致飛行墜毀。

蘇聯歷史上曾發生一次嚴重的空難。當時，空軍中將烏托爾・恩特要執行一項飛行任務，但他的副駕駛員在飛機起飛前生病了，於是，總部臨時給他派了一名副駕駛員做替補。這名副駕駛之前並沒有和恩特將軍合作過，這一次，能成為這位傳奇將軍的副手，他感到非常榮幸。

在起飛過程中，恩特像往常一樣哼著歌，同時搖頭晃腦地打著節拍。結果，這個拍打動作讓替補副駕駛誤認為他是要自己把飛機升起來，雖然當時飛機還遠遠沒有達到可以起飛的速度，副駕駛還是把操縱杆推了上去。結果，飛機的腹部撞在地上，螺旋槳的一個葉片飛入了恩特的背部，導致這位空軍中將終身癱瘓。

事後，有人問副駕駛：「當時，你明知道操控有誤，但為什麼還要把操縱杆推起來呢？」他回答：「我以為將軍要我這麼做，我相信，將軍不會錯的。」

一個經驗豐富的飛行員卻因為誤解了空軍中將的指令，犯下了連新手都不可能犯的錯誤，這就是「權威效應」的具體體現。

不可否認，權威之所以成為「權威」，是因為他們的能力強於普通人。但是，很多時候我們應該明白，其實權威也是人，他們或多或少都會受到時代和自身條件的局限。如果我們不能認識到這一點，而對權威言聽計從，就永遠不會進步，甚至會像恩特將軍的副手一樣，犯下極為低級的錯誤。

需要指出的是，「權威效應」是一種司空見慣的心理學現象，它本身無所謂好壞，關鍵看如何運用。運用恰當，它就能發揮出巨大的積極作用；運用不恰當，它就可能會帶來負面影響。

南朝的劉勰寫出《文心雕龍》無人重視，他請當時的大文學家沈約審閱，沈約不予理睬。後來他裝扮成賣書人，將作品送給沈約。沈約閱後評價極高，於是成為中國文學評論的經典名著了。平凡人物，一旦被新聞媒體炒作，也變得身價百倍，這也是新聞的權威效應產生的結果。

權威暗示效應的寓意：迷信則輕信，盲目必盲從權威暗示。

在現實生活中，利用「權威效應」的例子很多：做廣告時請權威人物讚譽某種產品（例如，賣藥的會請穿白袍的醫生來做樣板），在辯論說理時引用權威人物的話作為論據等等。在人際交往中，利用「權威效應」，還能夠達到引導或改變對方的態度和行為的目的。

權威效應在社會生活中是司空見慣的一個心理效應，可以說，在人類社會，只要有權威存在，就首先會有權威效應。

著名指揮家小澤征爾在一次世界級指揮家大賽的決賽中，按照評委會所給的樂譜指揮樂團演奏。在指揮過程中，他覺得有不和諧的聲音出現。一開始，小澤征爾以為是樂隊演奏出了錯誤，便停下來讓樂重新演奏，可還是感覺不對。因此，小澤征爾認定，是樂譜出了問題。

他立刻向評委會提出了這個問題，但是，在場的所有評委都堅持說樂譜絕對沒有問題。他們告訴小澤征爾，樂譜絕不會出問題，如果有不和諧的地方，一定是他的指揮出了問題。面對眼前這些由世界級音樂大師組成的權威評委，小澤征爾低頭思索了良久。最後，他抬起頭，斬釘截鐵地大聲說：「不！一定是樂譜錯了！」

誰料，小澤征爾話音未落，評委們便對他報以熱烈的掌聲，祝賀他一舉奪魁。原來，這是評委們精心設計的圈套，以此來檢驗指揮家對音樂演奏是否有自己的看法，並且，更重要的是，是否能在被權威否定的情況下繼續堅持自己的主張。

小澤征爾沒有迷信權威，而是堅持了自己的觀點。由此可見，要消除「權威效應」的負面影響，首先需要對自己的能力充滿自信，其次需要養成批判性思維能力，做到相信權威，但不迷信權威。

很多公司行號或商業場合都喜歡名人題字或蒞臨指教。這一切，都是權威效應在起作用。消極的權威效應是以權威人士名望來鎮人、壓人，甚至是唬人……

要區分權威效應與名人的心理實質。權威效應是借助權威的名聲、勢力，推動式推行，強化或拔高某種事物；而名人效應是人們效仿名人、追逐名人的心理傾向；二者有著作用方向的差異，也有作用力的不同。

這也是權威效應應用時的奧妙所在：你可以不是權威，但是如果你能讓人感覺到你是權威，你就能讓人相信你的話。每一個人總是習慣性的思考問題。

所以，我們對權威的信賴，使我們往往受到權威的暗示所引導，而這裡並不需要權威的實質，也許一些權威的假象就可以左右我們的言行。這些暗示可以是頭銜、服裝或者其他外部標誌。即使是具有獨立思考能力的成年人也會為了服從權威的命令而做出一些完全喪失理智的事情來。

就如開車來說：綠燈亮起時，人們往往會根據停在前面的車是名車、還是普通車型而確定是否以按喇叭的方式來進行催促。如果是名車，排在後面的人往往會等得久一點。坐在名車裏的人就一定是受人尊重的人嗎？當然未必。但是他的車是名車，所以在別人眼裏，他這個人的地位自然就提升了。

在人際交往中，我們可以巧妙地利用權威效應來影響他人，製造一些權威的表象。給自己冠上一些權威的頭銜，或者象徵某種權威的身分標誌，都能讓人刮目相看，給他人以心的震撼，讓人敬仰、信服，接受你，贊同你，改變自己的態度和行為來屈從於你的暗示和建議。

6·不值得定律

——不值得做的事情，就不值得做好

在現實社會中，很多人都有這樣一個心理：如果自己從事的是一份自認為不值得的事情，往往會持冷嘲熱諷、敷衍了事的態度。不僅成功率小，即使成功，也不會覺得有多大的成就感。相反，如果自己從事的是一份自認為值得的事情，往往會抱着積極、細心謹慎的態度。不僅成功率大，即使要付出很多，也會覺得很高興，因為這是值得自己付出的。社會心理學家將這種心理現象命名為「不值得定律」。

在日常生活中，很多人在遇到一件事情的事情，總是想當然地認為這件事情不是值得自己去做的，然後在這種想法的指引下，決定是否用心去做。也正因為如此，一些人在做某些事情的時候，一開始就表現得心不在焉、敷衍了事，自然而然最終以失敗而告終。很顯然，這並不是我們想要的結果。

「不值得定律」告訴我們這樣一個道理：不要想當然爾地認為一些事情不值得自己去做，因為你根本不知道這些事情會對你有什麼樣的幫助。一旦你自以為是錯誤了，就會給自己的生活、工作帶來很多不利的影響：

一、產生厭煩情緒，導致事情無法完成——如果你覺得一件事情不值得你去做，而現實是你必須得做，自然而然，你會對這些事情產生厭煩情緒，這些工作也就無法完成。

二、破壞良好的心態，從而錯失成功機遇——成功的機遇不是從天而降的，而是自己發現和把握的。從哪裏才能發現成功的機遇呢？很顯然，做好每一件事情你才有可能成功，而只有具備良好的心態，才能真正做好每一件事情。

事實也是如此，成功絕對不會降臨在那些總認為自己不值得去做某事的人身上，只有你真正用心去做某件事情，才能圓滿完成任務，才能獲得最後的成功。

一個鞋匠接了顧客的一雙鞋來修理，但是當鞋修好以後，顧客發現他所做的絕不止是修理工作。他在每隻鞋裏都放上了一塊用蠟紙包着的巧克力夾心餅乾，並且附上紙條：「任何值得一做的事情，就是值得做好的事。」然後把鞋交給顧客。

美國著名的電視新聞節目主持人沃爾特．克朗凱特剛開始讀到這句話的時候，並沒有引起足夠的重視，沒想到不久之後，他就有了切身的體會。

沃爾特．克朗凱特很小的時候就對新聞感興趣，14歲時，他還成了校報《校園新聞》的小記者。每周學校還會請休斯頓一家日報社的新聞編輯弗雷德．伯尼先生來給小記者們講授個小時的新聞課程，並指導校報的編輯工作。

有一次，克朗凱特被安排寫一篇關於學校田徑教練卡普．哈丁的文章。可是，那天正是克朗凱特一個好朋友的生日，他必須去參加朋友的生日聚會，克朗凱特只好胡亂編寫了一篇稿子交了上去。

第二天，克朗凱特被弗雷德叫到辦公室。弗雷德很生氣地說：「克朗凱特，你的文章糟糕極了，根本就不像一篇採訪稿件，該問的沒問，該寫的沒寫，你甚至連被採訪者是幹什麼的都沒弄清。克朗凱特，你應該記住，如果有什麼事情值得去做，就得把它做好。」

如果有什麼事情值得去做，就得把它做好——這句話成了克朗凱特的座右銘，一直鞭策了他70多年，正是因為這句話，克朗凱特才對新聞事業忠貞不渝。

其實，我們也應該像案例中弗雷德教訓克朗凱特一樣教訓一下自己：看問題不要想當然爾，不要想當然爾地認為這件事情值得自己去做，那件事情不值得自己去做，只有真正你去做了之後才會知道哪些事情是該做的，哪些事情是不該做的，可是到那時候又有什麼用呢？顯然，對於任何一個人來說，要想獲得更大的發展和成功，就必須做好每一件事情。

時刻記住「不值得定律」給自己的啟示，以下是需要把握的要點：

一、讓事情符合自己的價值觀

很多人都知道，只有符合自己價值觀的事，我們才會滿懷熱情地去做，並且一直追求最為接近完美的效果。那麼我們為何不利用這種心理呢？在面對一件事情的時候，最好能從這件事情中提取出符合自己價值觀的部分。比如，在公司打雜，你就可以從中提取出「融入公司」、「讓上司注意到自己」等符合「進入上流」價值觀的要素。

二、了解自己的個性和氣質

一個人如果做一份與他的個性氣質完全背離的工作，他是很難做好的。如一個好交往的人成了檔案員，或一個害羞者不得不每天和不同的人打交道。因此，在選擇一份工作或者一件事情的時候，最好能事先對自己的個性和喜好，進行一個初步的判斷，然後選擇符合自己個性和喜好的工作。

三、了解現實的處境

同樣一份工作，在不同的處境下去做，給我們的感受也是不同的。例如，在一家大公司，如果你最初做的是打雜跑腿的工作，你很可能認為是不值得的，可是，一旦你被提升為領班或部門經理，你就不會這樣認為了。

四、給自己必要的期望

如果你對一件事情任何期望都沒有，失敗與否都無所謂，自然你也就不會想着去做好這件事情。可是一旦有了期望，像是通過做好這件事情我就能得到什麼好處，那麼你肯定會想方設法去勝任這個工作、做好這件事情。這就是期望的力量，我們同樣可以進行利用。

五、了解事情的重要性

如果你不知道你所做的事情到底有多麼重要，你可能會敷衍了事；相反，你如果知道這件事情對你或者對別人非常重要，你自然而然會加倍小心翼翼，以求不出任何差錯。這種事情的重要性同樣是約束你將事情做好的因素之一，我們也應該加以利用。

很難界定一件事情到底是值得還是不值得去做，但是有一點可以肯定：如果你確定要做這件事情，它就要值得你去做好。無論你是情願還是不情願去做，都應該儘量做到最好。成功的機會並不存在於宏大的計劃和遠景之中，而是存在於做好每一件你做的事情之中。

第五章

心理學的影響力

I．首因效應與結尾效應

——第一印象力與最近一次的效果

「首因效應」由美國心理學家洛欽斯首先提出的，也叫「首次效應」、「優先效應」或「第一印象效應」，指交往雙方形成的第一次印象，對今後交往關係的影響，也即是「先入為主」帶來的效果。

雖然這些第一印象並非總是正確的，但卻是最鮮明、最牢固的，並且決定著以後雙方交往的進程。如果一個人在初次見面時給人留下良好的印象，那麼人們就願意和他接近，彼此也能較快地取得相互瞭解，並會影響人們對他以後一系列行為和表現的解釋。反之，對於一個初次見面就引起對方反感的人，即使由於各種原因難以避免與之接觸，人們也會對之很冷淡，在極端的情況下，甚至會在心理上和實際行為中與之產生對抗狀態。

美國社會心理學家洛欽斯一九五七年以實驗證明了「首因效應」的存在。他用兩段杜撰的故事做實驗材料，描寫的是一個叫吉米的學生生活片斷。一段故事中把吉米描寫成一個熱情並且外向的人，另一段故事則把他寫成一個冷淡而內向的人。兩段故事分別列於下方：

〔第一則〕吉米走出家門去買文具，他和他的兩個朋友一起走在充滿陽光的馬路上，他們一邊走一邊曬太陽。吉米走進一家文具店，店裡擠滿了人，他一邊等著店員對他的注意，一邊和一個熟人聊天。他買好文具在向外走的途中遇到了熟人，就停下來和朋友打招呼，後來告別了朋友就走向學校。在路上他又遇到了一個前天晚上剛認識的女孩子，他們說了幾句話後就分手告別了。

〔第二則〕放學後，吉米獨自離開教室走出了校門，他走在回家的路上，路上陽光非常耀眼，吉米走在馬路陰涼的一邊，他看見路上迎面而來的是前天晚上遇到過的那個漂亮的女孩。吉米穿過馬路進了一家飲食店，店裡擠滿了學生，他注意到那兒有幾張熟悉的面孔，吉米安靜地等待著，直到引起櫃檯服務員地注意之後才買了飲料，他坐在一張靠牆邊地椅子上喝著飲料，喝完之後他就回家去了。

洛欽斯把這兩段故事進行了排列組合——

A是將描述吉米性格熱情外向的材料放在前面，描寫他性格內向的材料放在後面；B是將描述吉米性格冷淡內向的材料放在前面，描寫他性格外向的材料放在後面；A是只出示那段描寫熱情外向的吉米的故事；B是只出示那段描寫冷淡內向的吉米的故事。

洛欽斯將組合不同的材料，分別讓水準相當的中學生閱讀，並讓他們對吉米的性格進行評價。結果表明，第一組被試中有78％的人認為吉米是個比較熱情而外向的人；第二組被試只有18％的人認為吉米是個外向的人；第三組被試中有95％的人認為吉米是內向的人；第四組只有3％的人認為吉米是外向的人。

研究證明了第一印象對認知的影響。在首因效應中，對情感因素的認知常常起著十分重要的作用。人們一般都喜歡那些流露出友好、大方、隨和情感的人，因為在生活中，我們都需要他人尊重和注意，這個特點在兒童身上表現得最為明顯，小孩子都喜歡第一次見了他就笑呵呵的人，如果再給予相應的讚揚，那麼兒童就會更加的高興。

「首因效應」是指個體在社會認知過程中，通過「第一印象」最先輸入的資訊對客體以後的認知產生的影響作用。對於這種因資訊輸入順序而產生的效應的現象，有種種不同的原因解釋。

一種解釋認為，最先接受的資訊所形成的最初印象，構成腦中的核心知識或記憶圖式。後輸入的其他資訊只是被整合到這個記憶圖式中去，即這是一種同化模式，後續的資訊被同化進了由最先輸入的資訊所形成的記憶結構中，因此後續的新的資訊也就具有了先前資訊的屬性痕跡。

另一種解釋是，以注意機制原理為基礎的，該解釋認為，最先接受的資訊沒有受到任何干擾地得到了更多的注意，資訊加工精細；而後續的資訊則易受忽視，資訊加工粗略。

實驗心理學研究表明，外界資訊輸入大腦時的順序，在決定認知效果的作用上是不容忽視的。最先輸入的資訊作用最大，最後輸入的資訊也起較大作用。大腦處理資訊的這種特點是形成首因效應的內在原因。首因效應本質上是一種優先效應，當不同的資訊結合在一起的時候，人們總是傾向於重視前面的資訊。即使人們同樣重視了後面的資訊，也會認為後面的資訊是非本質的、偶然的，人們習慣於按照前面的資訊解釋後面的資訊，即使後面的資訊與前面的資訊不一致，也會屈從於前面的資訊，以形成整體一致的印象。當不同的資訊結合在一起的時候，人們總是傾向於重視前面的資訊。

第一印象是在短時間內以片面的資料為依據形成的印象，心理學研究發現，與一個人初次會面，45秒鐘內就能產生第一印象。它主要是獲得了對方的性別、年齡、長相、表情、姿態、身材、衣著打扮等方面的印象，判斷對方的內在素養和個性特徵。這一最先的印象對他人的社會知覺產生較強的影響，並且在對方的頭腦中形成並佔據著主導地位。並且這種先入為主的第一印象是人的普遍的主觀性傾向，會直接影響到以後的一系列行為。在現實生活中，首因效應所形成的第一印象常常影響著人們對他人以後的評價和看法。

社會心理學家艾根在一九七七年研究發現，在與人相遇之初，按照 SOLER 模式來表現自己，可以明顯增加他人的接納性，使得在人們的心中建立良好的第一印象。「SOLER」是由五個英文單詞的開頭字母拼寫起來的專用術語，其中：S表示坐姿或站姿要面對別人；O表示姿勢要自然開放，L表示身體微微前傾；E表示目光接觸；R表示放鬆；用SOLER模式表現出來的含義就是「我很尊重你，對你很有興趣，我內心是接納你的，請不必客氣」。

成功學家戴爾・卡耐基在暢銷名著《影響力的本質》中也總結了六條給人留下良好印象的途徑，即：（一）真誠地對別人感興趣；（二）微笑；（三）多提別人的名字；（四）做一個耐心的傾聽者，鼓勵別人談他們自己；（五）談符合別人興趣的話題；（六）以真誠的方式讓別人感到他自己很重要。

人生是由無數個「第一次」所組成的。在生活和工作中，由於各種各樣的機會和需要，我們必須和陌生人說話。有些人十分善於與他人交談，即使對方是初次見面或不善言辭的人，他們也能和其聊得十分愉快，這是因為他們對於身邊的事物，即使是連談話對象的服裝都會仔細觀察，由此決定自己的說話策略。

人與人的交往是很奇妙的。和從未曾見過面的人一接觸就有可能一見鍾情，又有可能彼此都很反感。對方喜歡你，可能是因為你留給他的第一印象很好；對方討厭你，可能是你留給他的第一印象太糟了。

這就是所謂的「首因效應」。首因效應也叫做「第一印象力」是指最初接觸到的資訊所形成的印象，對我們以後的行為活動和評價的影響。

我們都知道——

懸疑小說家喜歡在小說的開頭，設置諸多的懸念，安排離奇的情節。

電影導演喜歡在影片開頭時運用特技，一下子就抓住了觀眾的眼光。

推銷員喜歡把名片弄得花裡胡哨，甚至印上本人的彩色相片。

仔細想想，他們都是吸引他人注意力的專家。他們這樣做，就是為了通過製造一個良好的第一印象，在第一時間打動了人的心，聽他推銷的產品，讓人們心甘情願地買單、付出代價。

小說一開頭就很吸引人，讀者會認為，這個故事一定很精彩，值得買回家閱讀。預告影片一開頭就運用特技，觀眾會想，大製作果真不同凡響，值得掏錢進電影院。推銷員一見面就拿出有特色的名片，顧客被吸引住了，他會想：這個推銷員與眾不同，不妨聽他要說些什麼？

如果一部小說或影片，內容原本很好，卻以平淡無奇的方式開頭；如果一名推銷員，一開頭就給人以老套的感覺，結果會怎樣？不用說，結果通常會比較糟糕：小說賣不掉；影片不吸引人，開演不久就走掉了大半的觀眾；推銷員還沒來得及介紹產品，就已經被人拒之門外。

在現實生活中，自覺地利用「首因效應」可以幫助我們順利地進行人際交往。在一生中，我們會遇到很多重要的第一次，也就會有很多需要重視的第一印象。比如，求職，第一次去面試；求人辦事，第一次登門拜訪；找對象，第一次與對方約會，這些第一次都很重要。從小的方面來看，關係到求職能否成功、事情能否辦成；從大的方面來看，關係到事業能否如願，婚姻能否美滿。

因此，在現實人際關係的交往中，應力爭給對方留下好的第一印象。

古語有云：「新官上任三把火」、「早來晚走」、「惡人先告狀」、「先發制人」、「下馬威」等都是不乏利用首因效應占得先機的經典案例。而人們常說的「給人留下一個好印象」，一般就是指的第一印象，這裡就存在著首因效應的作用。在交友、招聘、求職等社交活動中，可以利用這種效應，展示給人一種極好的形象，為以後的交流打下良好的基礎。當然，這在社交活動中只是一種暫時的行為，更深層次的交往需要加強在談吐、舉止、修養、禮節等各方面的素質，不然則會導致另外一種效應的負面影響，那就是近因效應（即結尾效應）。

以求職為例，大部分大學生的就業方式是借助人才市場，與用人單位「供需見面」、「雙向選擇」完成的。實踐證明，在「雙向選擇」過程中，畢業生給用人單位的「第一印象」對其就業和擇業至關重要。在擇業過程中，大學生根據首因效應原理，做好各項面試準備，力爭把自己的知識、才華和良好的態度綜合表現出來，贏得良好的第一印象。

首因效應具有先入性、不穩定性、誤導性，根據第一印象來評價一個人往往失之偏頗，被某些表面現象蒙蔽。其主要表現有兩個方面：（一）是以貌取人。對儀錶堂堂、風度翩翩的人容易得出良好的印象，而其缺點卻很容易被忽視。（二）是以言取人。那些口若懸河者往往給人留下好印象。

首因效應之所以會引起認知偏差，就在於認知是根據不完全資訊而對交往物件作出判斷的。俗話說：「路遙知馬力，日久見人心。」僅憑第一印象就妄加判斷，「以貌取人」，有時往往會帶來不可彌補的錯誤。

首因效應的影響作用可以在一定程度上得到控制的。首因效應的產生與個體的社會經歷、社交經驗的豐富程度有關。如果個體的社會經歷豐富、社會閱歷深厚、社會知識充實，則會將首因效應的作用控制在最低限度。另外，通過學習，在理智的層面上認識首因效應，明確首因效應獲得的評價，一般都只是在依據對象的一些表面的非本質的特徵基礎上而作出的評價，這種評價應當在以後的進一步交往認知中不斷地予以修正完善。也就是說，第一印象並不是無法改變，並不是難以改變的。孔子的「吾始於人也，聽其言而信其行；吾今於人也，聽其言而觀其行。」也就是這種變化最經典的說明。

既然談到「首因效應」，也順便說明一下「結尾效應」——

日本有一位很知名的政客，他有個習慣，如果接受了某個代表或某個團體的託咐或請願，便不會送客；但如果不接受，就會客客氣氣地把客人送到門口，而且會和所有人一一握手鞠躬道別。

他這樣做的目的是什麼呢？是為了讓那些沒有達到目的的人不埋怨他。結果也如他所願，那些請願未得到允諾的人，不但沒有埋怨，反而會因受到他的禮遇，而滿懷感激地離去。

從心理學角度來講，他的做法很有道理，他運用的是「結尾效應」。

因為這個效果，即使因為剛剛被拒絕了，而產生的不滿心理也會馬上得到了補償，而變成一種滿足的狀態，最初和最後印象深刻，這就是所謂「首因效應」與「結尾效應」。

絕大多數人都知道「首因效應」。知道與人初次見面時，第一印象很重要。因此，如果是找工作去面試，我們會理髮、整裝、化妝，以求給人留下良好的第一印象；如果是第一次與某人見面，我們通常會面帶微笑，彬彬有禮，讓彼此的關係有一個好的開始。

「結尾效應」也叫做「新近效應」、「近因效應」，是指交往中最後一次見面或最後一瞬間給人留下的印象，這個印象在對方腦海中也會存留很長時間，不但鮮明，且能左右整體印象。

如果你在與人初會的過程中，犯下了某種錯誤，或是表現平平的話，可以在分手的那一刻，做一個令人刮目相看的表現，以改變對方對你原來的印象。只要你的表現得體，不管原先的表現如何，都可以獲得補救，甚至留下永生難忘的印象。

剛剛那位日本政客所擅長的，便是這種高明的心理操縱術。他送客，就是要讓客人忘掉原來的失望，轉而覺得榮幸。然而，由於人們對「結尾效應」缺乏認識，或者不夠重視，導致事情虎頭蛇尾、功虧一簣的事例也不勝枚舉。

俗話說：「好頭不如好尾」，與人打交道，我們不僅要在最初表現很好，最後階段也要表現好，分手時更要特別注意，做到有始有終。

此外，如果給對方的第一印象不夠好，或者在雙方的交往中曾遇到了不快，更應該巧妙地運用「結尾效應」，在最後時刻，挽回局面，達成諒解，給對方留下「嗯，這傢伙還不錯！」的好印象。

2．多看效應

——人們都會偏好自己熟悉的事物

有一個奇怪的現象是：當你第一次見到一個人的時候感覺他很醜，但多見幾次面之後，就會覺得他沒那麼醜了，更熟悉之後，就會發現他竟然還很好看。

「多看效應」又稱為「曝光效應」、「暴露效應」、「接觸效應」等等，它是一種心理現象，指的是我們會偏好自己熟悉的事物，社會心理學又把這種效應叫做熟悉定律，我們把這種只要經常出現就能增加喜歡程度的現象叫做多看效應。

這種對越熟悉的東西越喜歡的現象，心理學上稱為「多看效應」。多看效應不僅僅是在心理學實驗中才出現，在生活中，我們也常常能發現這種現象。如果你細心觀察就會發現，那些人緣好的人，往往將這種「多看效應」發揮得淋漓盡致：他們善於製造雙方接觸的機會，從而提高彼此間的熟悉度，互相產生更強的吸引力。

在我們新認識的人中，有時會有長得不怎麼出色、相貌不佳的人。最初，我們可能會覺得這個人難看，可是在多次見到此人之後，逐漸就不覺得他難看了，有時甚至會覺得他在某些方面很有魅力。

二十世紀60年代，心理學家查榮茨做過這樣一個實驗：他向參加實驗的人出示一些人的照片，讓他們觀看。有些照片出現了二十幾次，有的出現十幾次，而有的則只出現了一兩次。之後，請看照片的人評價他們對照片的喜愛程度。結果發現，參加實驗的人看到某張照片的次數越多，就越喜歡這張照片。他們更喜歡那些看過二十幾次的熟悉照片，而不是只看過幾次的新鮮照片。也就是說，看的次數增加了喜歡的程度。

另一個實驗：在一所大學的女生宿舍裡，心理學家隨機找了幾個寢室，發給她們不同口味的飲料，然後要求這幾個寢室的女生，可以以品嘗飲料為理由，在這些寢室間互相走動，但見面時不得交談。一段時間後，心理學家評估她們之間的熟悉和喜歡的程度，結果發現：見面的次數越多，相互喜歡的程度越大；而見面的次數越少或根本沒有，相互喜歡的程度就較低。

看多了就想買，所以「多看效應」在廣告宣傳方面發揮著天然作用。但是，多看效應對提高消費者對特定公司和產品的態度體驗究竟有多大效果，研究結果並不一致。

有研究發現，即使曝光大部分是正面的，媒體上的高曝光率也和公司名氣高低有關。隨後對該研究的重複檢驗得出結論，多看效應會產生矛盾的情感，因為這會帶來許多聯想，既有有利的也有不利的方面。當公司或產品還較新穎，消費者不熟悉該產品或服務時多看效應才最有可能產生最佳的促進作用。因為見得多，就會產生信任感，廣告背後的最重要的心理學原理。對於非消費者來說，廣告的作用在於培養知名度，通過曝光讓用戶更多的看到，即廣告作用中的「告知和提醒」；而對於輕度消費者，廣告的作用在於培養美譽度，越看越喜歡，即廣告作用中的「說服」；對於重度消費者，廣告的作用在於培養忠實度，就是廣告「強化」作用。

很多人都會同意，喜新厭舊是人的天性。事實果真如此嗎？那為何商家們都願意花費鉅資為自己的商品投放廣告？如果人真的是喜新厭舊的話，商家們肯定是不願意反覆為自己的商品做廣告。相反，人們在決定購買某一商品時，會受到一種潛意識的影響。某種商品資訊刺激的次數越多、越強烈，人們潛意識中該商品的烙印也就越深刻，對商品的購買和消費就成為一種無意識行為。事實上，人們總是習慣於消費自己熟悉的商品。

因此，對商家來說，反覆的宣傳，在顧客心中造成強烈的印象，是至關重要的。美國著名的可口可樂公司，正是利用了顧客的這一消費心理，以鋪天蓋地的廣告大戰，奠定了可口可樂獨佔世界飲料業龍頭的至尊地位。

可口可樂公司極為重視廣告，對一切報刊、電視廣播、宣傳材料等能用來做廣告的媒體，無不儘量使用。今天，從南極到北極，從最發達的國家到最不發達的國家，可口可樂可說是無處不在、無人不曉。

可口可樂的案例說明了熟悉的就是好的，熟悉可以導致喜愛。與此相似的是心理學上的「多看原則」。說的是在其他條件相等時，人們傾向於喜歡熟悉的人與事。研究也表明，隨機被安排在同一宿舍或鄰近座位上的人更容易成為朋友。在同一棟樓內，居住得最近的人最容易建立友誼。鄰近性與交往頻率有關，鄰近的人常常見面，容易產生吸引。

在人際交往中，如果你細心觀察就會發現，那些人緣很好的人，往往將「多看效應」發揮得淋漓盡致。他們善於製造雙方接觸的機會，以提高彼此間的熟悉度，然後互相產生更強的吸引力。也許你會有疑惑，人與人的交往難道真的這麼簡單？

試想，如果你有兩位關係一樣近的親戚，一位與你住在同一座城市，你們經常見面，每次聚半天；另一位在另一座城市居住，你們每年聚一次，每次待一星期左右。幾年過去了，你更喜歡誰，與誰更親密？

見面次數多，即使時間不長，也能增加彼此的熟悉感、好感、親密感。相反，見面次數少，哪怕時間長，也難以消除因間隔的時間太長而有生疏感。

顯然，在很多時候，見面時間長，不如見面次數多。像是你想贏得上司的注意與重視，向上司彙報工作，一次彙報很多，不如經常彙報。如果你想與某人建立良好的關係，這方法也適用。要知道，為了給對方留下印象，你一個人滔滔不絕，效果反而不好。你不妨找機會多與對方見面，每次時間別太長。這樣，給對方一個念想，讓他回味你的為人，期待下次的見面。

「多看效應」發揮作用的前提是你給人的第一印象還不差，否則見面越多就越令人討厭，反而起了副作用。這是建立在首因效應的基礎上，如果第一印象不差，那麼如果多次見面，多次熟悉，好感自然上升，就算是長得不好看，多了也就習慣，反而覺得有些獨特魅力。

多看效應其實沒有那麼「單純」，其中至少還有以下三點需要特別注意：

（一）一開始就讓人感到厭惡的事物，無法產生多看效應。

（二）如果兩個人彼此之間已經有一些衝突，或是性格上本來就不合，愈常見面反而愈擴大彼此的衝突。

（三）過多的曝光會引起厭煩。

可見，若想增強人際吸引，就要留心提高自己在別人面前的熟悉度，這樣可以增加別人喜歡你的程度。因此，一個自我封閉的人，或是一個面對他人就逃避和退縮的人，由於不易讓人親近而另人費解，也就是不太讓人喜歡了。當然，「多看效應」發揮作用的前提是你給人的第一印象還不差，否則見面越多就越令人不想看到你，反而起了副作用。想想看，你周圍有沒有常在你面前「露臉」的人。如果想給別人留下不錯的印象，常出現在他面前就是一個簡單有效的好方法。

心理學「多看效應」生活中給我們哪些啟示呢？

（一）人際交往中，提高自己在他人面前的熟悉度，能夠提高他人對你的喜歡程度。所以一般不願意親近他人的人不太會被人喜歡，就像是內向孤僻的人不願意親近他人，較外向的人來說，朋友就相對較少。所以，想得到他人的喜歡，就提高在他人面前的熟悉程度吧！

（二）首因效應就是給人的第一印象，首因效應固然很重要，但是有時不能完全憑藉第一印象判斷一個人，第一次見面可能有各種特殊的情況，正因為不了解，更不能因為第一次的印象不好，而不願意再去了解一個人。反之，人們都非常重視第一印象，所以與人見面時，一定要保持良好形象，否則以後的多看就變成多厭了。

（三）人們無論在生活中或者是工作中，都經常形成慣性思維，這是因為人們容易形成慣性心理，經常出現在一個人面前，他會對你從不熟悉到熟悉，經歷了一個心理上的變化，在對一個人形成習慣心理的時候，也就是說度過了心理接受的過程，所以更容易得到他人的喜歡。

就如前所述，「多看效應」是解釋我們對某個人或某件物品，越熟悉就會越喜歡。但它的前提是「第一印象」並不討厭，如果討厭已深植在心中，那這「多看效應」可能就不靈了，所以，與人第一次交往，還是得多加注意，不能因太隨便、我行我素，而讓人對你提不起興趣。

3．同步效應

——你和他（她）的相似地方，決定了兩人的距離

在人際交往中，我們總會選擇那些和我們志趣相投的朋友。同時也會認為這些是「我們同一國的人」所吸引。為什麼？多人都會說有共同語言好相處。其實這是心理學上的「變色龍效應」：人們的所做所為都會自覺的趨於一樣，這種潛意識下的行為叫做「同步反應」。當然女生交往的時候，也會選擇和自己一樣的人。因此我們需要了解這種同步效應。

從普遍情況來看，同步行為的一致性和男女關係的和諧程度成正比。在男女雙方的交往中，如果兩個人關係特別好，那麼他們的相似行為會特別多。反之，則會特別少。研究表明你只有喜歡一個人，才會模仿她，越是親密的人，相似度越高。

所以呢！在追求女生的時候，你要多模仿她，這會給女生一個心理暗示，他是

我的朋友而且關係很不錯。女生對你的好感也會大幅度提升。

自古以來，不是都一直流傳著「夫妻相」這種的說法呢！其實是由於面部表情的作用時間久了，夫妻自然就會有很多相似點。所以我們需要做的就是，模仿她的情緒。比如，女生給你說了個特別逗的笑話，她笑得很開心。根據同步效應，你要表現出你認真聽了，並且你和她是一樣的。那麼女生對你的感覺，就不一樣，她會覺得——你很重視我哦！

相似的人，必然有很多相似行為，女生在穿衣方面，就會和自己的好閨蜜穿著特別相似。一起去卡拉ＯＫ啊什麼的！男生呢！則是一起打打籃球或是開車兜風去了。所以，如果女生有特別多的愛好，那麼你也不妨在朋友圈裡曬出來，比如，妹子喜歡美食，那麼你就曬點美食照。肯定會下意識的吸引到妹子。

很多男生都會有這樣的感嘆：女生好難追啊！在一起總沒有話題，那女生平時說的話，你有好好看過嗎？一個不了解妹子的人，你怎麼追她。所以多看看妹子平時說了什麼，這樣和她聊天時候就有共同話題了，不用刻意找什麼話題，模仿妹子的語言就是現成的。

如果仔細觀察一下坐在茶館或者咖啡廳的戀人，會有什麼樣的感覺呢？他們是不是時不時地做著同一種表情或同一個動作，就像是鏡外的人和鏡中的影子一樣？一方用手摸摸頭髮，另一方也用手摸摸頭髮；一方蹺起二郎腿，另一方也跟著蹺腿；一方捂著嘴笑起來，另一方也跟著捂著嘴笑；一方舉起了杯子，另一方也隨之舉杯……

你看，是不是感覺很溫馨、很浪漫，感覺這兩個人關係親密、相互愛慕、心心相印？相信很多人都會有這種感覺。為什麼呢？因為他倆的步調是如此的一致。

人與人之間這種表情或動作的一致，被稱之為「同步行為」。

「同步行為」不僅存在於戀人之間，在我們日常的工作生活中也普遍存在。比如親人之間、朋友之間、同事之間、上下級之間、甚至在謀種場合中的彼此感覺不錯的陌生人之間。

一對感情篤厚的姐妹，同時看到櫥窗內一件漂亮的衣服，「哇，好可愛！」會同時流露出喜愛之情。

一對志趣相投的兄弟，一起觀看籃球比賽，眼看球就進了卻又跑出了籃框，兩人異口同聲地說，「真的活見鬼了！」

一對心有靈犀的夫妻，剛參加完朋友的婚禮，兩人回到家，都帶著笑容，同時談論新郎與新娘以及婚禮的種種盛況。

這些都是「同步行為」。

然而，是什麼誘發了人們的「同步行為」呢？

肢體動作是「內心交流」的一種方式。兩人彼此把對方為所效仿的對象，應該是相互欣賞或有相同的心理狀態，即雙方的相互欣賞或看法一致，而誘發了他們的同步行為。換句話說，「同步行為」意味著雙方思維方式和態度的相似或相通。

一般而言，同步行為的一致性與雙方關係的和諧度成正比。在雙方的會面中，如果兩個人關係和諧、相互欣賞，那麼他們的「同步行為」會很多、很細微。反之，同步行為則很少。

想想會議中人們的表情，對某種意見持贊成態度的人和持反對態度的人，是不是往往各自作出相反的動作？贊成的那部分人面帶微笑，不斷地點頭示意；反對的那部分人緊鎖著眉頭，緊閉著嘴唇……

再想想生活中常會遇到的情景：去百貨公司的櫥窗或去某展覽會上，你看上了其中一件物品，另一個人也看上了這件物品，你倆一同走近這件物品，一邊互相對看一眼，一邊發出心底的讚歎，「好棒！」就幾秒鐘，你倆便互生好感，頗有點英雄所見略同的感覺。這種感覺就是從你們的「同步行為」而產生的。

回頭想想你們的同步行為有哪些？眼球同時被這件物品吸引，走向這件物品，帶著驚喜的眼神打量，嘴裏發出一致的讚歎聲……如果倆人再對這件物品的質地、做工與價格看法一致，你肯定就有了路逢知己的感覺了。

在日常生活中，通過人為所製造「同步行為」，可以贏得對方的好威，讓雙方的交談在不經意間變得和諧愉快。

作為下屬，很多人都會感覺到：自己欣賞的上司也欣賞自己，自己不喜歡的上司也不喜歡自己？其實，這其中「同步行為」就在發揮作用了。你向上司傳遞了欣賞，上司接收到了，當然對你會產生好感，同樣也試著以欣賞的眼光看你。

由此推理，如果想得到上司的認可與欣賞，你首先應該認可、欣賞上司。你可以這樣做：與上司在一起時，當上司無意中做出某個動作時，你也跟著做某個動作；上司做出某種表情，你也以同樣的表情回應。你會發現，上司對你的態度會有某些改變。

相對地，作為上司，有時故意與下屬同步也很必要。比如，某下屬在你面前很緊張，你不妨擺出與其一致的姿勢，拉近彼此的心理距離，緩解下屬的緊張情緒。對於有利益往來的雙方，「同步行動」的魅力也絲毫不減。

在求人辦事過程中，如果你的請求或勸說得不到回應，不妨故意製造一些「同步行為」，快速攻破對方的心理防線。

比如，對方翻閱檔案，你也翻閱檔案；對方脫下外套，你也脫下外套；對方把視線投向窗外，你也掉頭欣賞窗外景色。如此反覆幾次，自然會引發對方的好感，緩和矛盾，使對方樂於接受你的意見，滿足你的請求。

不過，在效仿對方的舉止時，要注意自然流露，不能刻意去表現出來。否則，太刻意模仿對方，反讓人誤認為你是在故意取笑他或討好他，反而達不到預期的效果；甚至會讓人「點名做記號」，把你列入「討厭」的對象之一。

4．異性效應

——在人際關係中，異性接觸會產生一種特殊的相互吸引力和激發力

「異性效應」是一種普遍存在的心理現象。它的表現是，人們在人際關係中，往往和異性接觸時會產生特殊的相互吸引力和激發力，而且能從中體驗到難以言傳的感情追求，對人們的心境通常起積極的影響。

而且，還有這樣的一個現象，那就是男女兩性共同參加的活動，比只有同性參加的活動，更讓參與者感到心情愉快，幹得也更起勁、更出色。

在工作中，心理學家還發現，在一個只有男性或女性的工作環境裡，儘管條件優越，工作環境也不錯，工作強度也並不大，然而，不論這個群體是單純的男性還是女性群體，人們都容易疲勞，工作效率不高。

所以，善於使用「異性效應」，就能夠達到男女搭配、幹活不累的目的，在實際工作中，男性和女性確實存在區別，有效的互補的確能提高工作效率。不論從生理還是心理方面來分析，男女確實都是以互補的形式存在的。比如，男性力量較大，女性柔韌性較強；男性偏重理性，女性偏重感性；男性膽子較大，女性卻比較細緻，不容易出紕漏。

還有的時候，會出現女上司愛護男下屬，男上司受女員工擁戴的情況。所以，在職場中，你有時候不得不承認的是——吸引力就是生產力。

心理學家曾在一次測試中發現，男性在男女同桌用餐要比單純男性就餐時要斯文許多；同樣地，女性在男女同桌就餐的時候，也要比單純女性就餐的時候優雅得許多，這是因為人們往往特別注意和關心——異性對自己的評價，因此願意找一切機會在異性面前表現自己，儘自己所能，充分展露自己的溫柔和智慧，以引起異性的尊重和關注。

「異性效應」也發生在教學關係中，女教師一般具有溫柔和親切的特點。性格粗暴的男學生，卻會出人意料地接受女教師的管教，樂於順從。女學生則喜歡與男教師討論政治和生活問題，她們的學習成績，也容易獲得男教師的較高評價。這都是異性效應的魔力。

在人際交往中，「異性效應」也同樣存在，和異性在一起時，會在彼此之間產生一種內在的無形約束力，使雙方均感到應注意自己的言行，約束自己不合理或不完善的行為。男性們會展示自己很男子漢的一面：在一些小事上願意向女性做出讓步，給女性以幫助。而女性則常常表現出溫文優雅，富有修養的一面。這種約束和激勵使得異性在共同處理問題時，往往比較順利，容易達成妥協和一致。

那麼，既然你已了解到「異性效應」對人際交往的影響，也了解到可以讓我們獲得什麼好處呢？就應該注意到以下兩點：

一、避免和異性之間發生不必要的衝突和誤會。

二、給對方留面子，不在他人面前挖苦、諷刺對方。

無論是哪個年齡段的男人，在見到異性的時候，都會產生一種想要親近對方的想法。特別是年輕男性和年輕女性見面的時候，這種想法更加明顯，這就是異性相吸的效應。在現代社會，很多公司企業就是利用人們的這種心理，在談判、交易的時候，派遣年輕女性出馬，往往能達到很好的效果。

芸芸三十出頭，長得端莊漂亮，加上大學畢業之後在職場社會上的閱歷豐富，讓她具備了別人難以拒絕的魅力。這種魅力不僅僅是外在的美麗，還有內在的品位。在她向別人要求什麼的時候，別人總是難以拒絕，特別是在對方是男性的情況下，這種效果更加明顯。

也正是因為看到了這一點，貿易公司的老總便提拔芸芸為該貿易公司的業務經理。這一下，精通十八般武藝的她，開始有了用武之地。

有一次，公司的一種原材料奇缺，並且原有的合作夥伴也以各種各樣的理由拒絕發貨，想趁機抬高價格，材料科的業務員四處奔走，卻連連碰壁。無奈之下，老總讓芸芸出馬，而芸芸也沒有辜負大家的期望，僅僅一個星期的時間，就和另外一個供應這種原材料的供貨商簽訂了供貨合同，材料來源問題立刻迎刃而解。

還有一次，公司一筆貨款沒按時進來，以致資金周轉嚴重失靈，員工工資都難以發放，如果不趕緊貸款，公司將會出現嚴重的問題。這一下，急得總經理像熱鍋上的螞蟻一樣。於是，芸芸自動請纓，周旋於來往的銀行之間，竟獲得銀行主管同意了公司融資的申請額度。總經理緊皺的眉頭開始舒展。

可以說，芸芸在任經理一職的時候出師必勝，為公司立下赫赫戰功。芸芸因此備受領導器重，工資、獎金一加再加。有人試圖總結芸芸成功的秘訣，發現她除了具有清醒的頭腦，敏捷的口才，豐富的知識和閱歷，接物待人靈活之外，和她端莊的容貌、嫻雅的儀表也有很大的關係。因為這些因素加大了異性相吸的力度，使得芸芸提出的要求，別人難以拒絕。

案例中的芸芸，之所以能為公司立下赫赫戰功，除了她的能力之外，還因為她對於很多老闆、主管來說是一個有魅力的異性。端莊的容貌、嫻雅的儀表，加上清醒的頭腦，敏捷的口才，豐富的知識和閱歷，接物待人的靈活。自然而然，很多人都會拜倒在她的石榴裙下。那麼在人際交往的時候，如何才能利用好「異性相吸」的效應呢？

「異性效應」現象甚至在我們人類征服宇宙的過程中也曾發生。在宇宙飛行中，占60.6%的宇航員會產生「航天綜合症」，如：頭痛、眩暈、失眠、煩燥、噁心、情緒低沉等，而且一切藥物均無濟於事。

這到底是為什麼呢？幾年前，在南極考察的澳大利亞科研人員也得了這種怪病，晚上失眠，白天昏昏沉沉，用了許多方法，均無法治愈。經過調查研究，得出的結論竟是「沒有男女搭配，是性別比例失調嚴重，導致異性氣味匱乏的結果。」因此，美國著名醫學博士哈里教授向美國太空總署提出建議，在每次宇航飛行中，挑選一位女性參加。誰知，就這麼一個簡單的辦法，竟使困擾宇航員的難題全都迎刃而解了。

如今的社會還是一個男性占很大優勢的社會，外出辦事多數要和男性打交道，由女性出面較為順利，這便是心理學上所謂的「異性效應」。這種現象是建立在異性相吸引的基礎上的。人們一般比較對異性感興趣，特別是對外表討人喜歡，言談舉止得體的異性感興趣，這點女性也不例外，只不過不如男性對女性那麼明顯。有時為了引起異性注意，男性還特別喜歡在女性面前表現自己，這也是「異性效應」在起作用。

不過「異性效應」不能濫用。所以在人際關係交際場合中，對於異性的共事，必須掌握好應遵守的尺度，拿捏好分寸之間的巧妙守則：

（一）在交際場合，異性是同性之間共有的資源，你不能一個人獨自「占有」，這樣，往往會引起其他同性的嫉妒。比如，在一個晚會上，總共也有只有一個女性，而你卻一個人和這個女性交流，把其他男性甩在一邊，那麼其他人不討厭你才怪。

（二）如果在交際場合，你身邊有你熟悉而別人不熟悉的異性，這個時候，不妨大方地將對方介紹給自己的朋友。這樣才能和別人打成一片，提高自己的交際效果。

（三）這一點無論是對於男性來說還是對於女性來說，都應該注意。在很多交際場合，很多人和異性之間的交際「動機不純」，有的是為了「曖昧」關係，而有的則是趁機「利用」對方，達到自己的目的。如果出現這種情況，也就褻瀆了「異性」交際。

（四）雖然說在交際場合，和異性交際的機會是均等的，但是很多人因為性格、身份、其他方面因素的影響，不便於和其他異性交往，這個時候，你就應該了解對方的這種心理，主動給別人留個機會。比如，在晚會上，晚會的舉辦人可能由於身份的原因，不能和異性過多的交往，那麼你就可以製造一點機會，讓他們雙方交往。這樣人家不僅會覺得你大度，還會對你刮目相看。毫無疑問，這對於你的交際是非常有利的。

（五）男性對異性，尤其是年輕漂亮的異性熱情些，客氣些也無可非議，但把異性當作刺激，想入非非，讓人感覺「色迷迷」的，就超過限度了，因此，與異性接觸要好好地把握住「度」。

人際交往場合，免不了要和異性交往。在正當交際原則的前提下，還應該了解「異性相吸」的心理，不要因為和異性交往逾越了應有的度而出盡洋相。這不僅僅有損自己的形象，而且還會讓朋友遠離自己。尤其是主管的男性，與下屬的女性，如果搞出了婚外情，不管在工作上或家庭上，都會走向覆滅之途，不可不慎矣！

5．皮格馬利翁效應

——心想事成，你期待什麼，就會得到什麼

「皮格馬利翁效應」也叫「畢馬龍效應」或「比馬龍效應」，由美國著名心理學家羅森塔爾和雅格布森在小學教學上予以驗證提出。亦稱「羅森塔爾效應」或「期待效應」：「說你行，你就行，不行也行；說你不行，你就不行，行也不行。」

「皮格馬利翁效應」是說人心中怎麼想、怎麼相信就會如此成就。你期望什麼，你就會得到什麼，你得到的不是你想要的，而是你期待的。只要充滿自信的期待，只要真的相信事情會順利進行，事情一定會順利進行，相反的說，如果你相信事情不斷地受到阻力，這些阻力就會產生，成功的人都會培養出充滿自信的態度，相信好的事情會一定會發生的。這種稱為積極期望的態度是贏家的態度。事前就期

待你一定會贏，而且堅守這種看法，因此，只要你充滿自信的期待。即使你期待時所把持的資料是不正確的，你仍然會得到你所期望的結果。

在我們生活中，父母親對我們的期望，老闆對我們的期望，我們對別人的期望，特別是對兒女、對配偶、對同事、部屬的期望，以及我們對自己的期望，都是對我們生活是否愉快是有重大影響的期望，假如你對自己有極高且積極的期望，每天早上對自己說：「我相信今天一定會有一些很棒的事情發生。」這個練習就會改變你的整個態度，使你在每一天的生活中都充滿了自信與期望。

「皮格馬利翁效應」告訴我們，當我們懷著對某件事情非常強烈期望的時候，我們所期望的事物就會出現——「心想事成」。

皮格馬利翁是古希臘神話中塞普勒斯國王。這個國王性情孤僻，常年一人獨居。他善於雕刻，孤寂中用象牙雕刻了一座表現了他理想中的女性的美女像。久而久之，他竟對自己的作品產生了愛慕之情。他祈求愛神阿佛羅狄忒賦予雕像以生命。阿佛羅狄忒為他的真誠所感動，就使這座美女雕像活了起來。皮格馬利翁遂稱她為伽拉忒亞，並娶她為妻。

於是，後人就把由期望而產生實際效果的現象叫做「皮格馬利翁效應」。

一九六八年在這個神話的基礎上，美國著名心理學家羅森塔爾和雅格布森進行了一項有趣的研究。他們先找到了一個學校，然後從校方手中得到了一份全體學生的名單。在經過抽樣後，他們向學校提供了一些學生名單，並告訴校方，他們通過一項測試發現，這些學生有很高的天賦，只不過尚未在學習中表現出來。其實，這是從學生的名單中隨意抽取出來的幾個人。有趣的是，在學年末的測試中，這些學生的學習成績的確比其他學生高出很多。

研究者認為，這就是由於教師期望的影響。由於教師認為這個學生是天才，因而寄予他更大的期望，在上課時給予他更多的關注，通過各種方式向他傳達「你很優秀」的信息，學生感受到教師的關注，因而產生一種激勵作用，學習時加倍努力，因而取得了好成績。這種現象說明教師的期待不同，對兒童施加影響的方法也不同，兒童受到的影響也不同。借用希臘神話中出現的主人公的名字，羅森塔爾把它命名為皮格馬利翁效應。

「羅森塔爾效應」不是單方面的一種效應，他對於負面效應同樣起作用。因此，家長們不要只看到其正面的積極的效應，還要注意到其反面也會帶來同樣的期待效應。即家長也不可以每天對著孩子說一些消極的話，因為這些消極的話對孩子也有心理暗示，同樣也會帶來期待效應。

除了親子教育上，在學校的教育中，羅森塔爾效應是同樣有效。老師對學生抱有期望，而且有意無意地通過態度、表情、體諒和給予更多提問、輔導、讚許等行為方式，將隱含的期望傳遞給這些學生，學生則給老師以積極的反饋。這種反饋又激起老師更大的教育熱情，維持其原有期望，並對這些學生給予更多關照。如此循環往復，以致這些學生的智力、學業成績以及社會行為朝著教師期望的方向靠攏，使期望成為現實。

心理學家威廉·詹姆斯說過，人性最深切的渴望就是獲得他人的贊賞，這是人類有別於動物的地方。對於孩子來說，由於年齡小，心理幼稚，他們最強烈的需求和最本質的渴望就是得到別人的稱贊，尤其是來自父母的鼓勵。一個人如果在童年時代很少被稱贊，就會直接影響到他的發展，甚至導致他一生的個性缺陷。

羅傑・羅爾斯出生在紐約的一個叫做大沙頭的貧民窟，在這裡出生的孩子長大後很少有人獲得較體面的職業。羅爾斯小時候，正值美國嬉皮士流行的時代，他跟當地其他孩子一樣，頑皮、逃課、打架、鬥毆，無所事事，令人頭疼。

幸運的是：羅爾斯當時所在的諾必塔小學來了位叫皮爾・保羅的校長，有一次，當調皮的羅爾斯從窗臺上跳下，伸著小手走向講臺時，出乎意料地聽到校長對他說：我一看就知道，你將來是紐約州的州長。校長的話對他的震動特別大。從此，羅爾斯記下了這句話，「紐約州州長」就像一面旗幟，帶給他信念，指引他成長。他衣服上不再沾滿泥土，說話時不再夾雜污言穢語，開始挺直腰桿走路，很快成了班長。四十多年間，他沒有一天不按州長的身份要求自己，終於在51歲那年，他真的成了紐約州州長，而且是紐約歷史上第一位黑人州長。

通用電氣的前任執行長傑克・威爾許就是皮格馬利翁效應的實踐者。他認為，團隊管理的最佳途徑並不是通過「肩膀上的杠杠」來實現的，而是致力於確保每個人都知道最緊要的東西是構想，並激勵他們完成構想。傑克・威爾許在自傳中用很多辭彙描述那個理想的團隊狀態，如「無邊界」理論、四E素質（精力、激發活力、銳氣、執行力）等等，以此來暗示團隊成員「如果你想，你就可以」。在這方面，傑克・威爾許還是一個遞送手寫便條表示感謝的高手，這雖然花不了多少時間，卻幾乎總是能立竿見影。因此，威爾許說：「讓人自信，是到目前為止我所能做的最重要的事情。」

有「經營之神」美譽的松下幸之助，也是一個善用皮格馬利翁效應的高手。他首創了電話管理術，經常給下屬，包括新招的員工打電話。每次他也沒有什麼特別的事，只是問一下員工的近況如何。當下屬回答說還算順利時，松下又會說：很好，希望你好好加油。這樣使接到電話的下屬每每感到總裁對自己的信任和看重，精神為之一振。許多人在皮格馬利翁效應的作用下，勤奮工作，逐步成長為獨當一面的高才，畢竟人有70％的潛能是沉睡的。

美國鋼鐵大王卡耐基選拔的第一任總裁查爾斯・史考伯說：「我認為，我那能夠使員工鼓舞起來的能力，是我所擁有的最大資產。而使一個人發揮最大能力的方法，是贊賞和鼓勵。再也沒有比上司的批評更能抹殺一個人的雄心……我贊成鼓勵別人工作。因此我急於稱贊，而討厭挑錯。如果我喜歡什麼的話，就是我誠於嘉許，寬於稱道。我在世界各地見到許多大人物，還沒有發現任何人——不論他多麼偉大，地位多麼崇高——不是在被贊許的情況下，比在被批評的情況下工作成績更佳、更賣力氣的。」史考伯的信條同卡耐基如出一轍。正是因為兩人都善於激勵和贊賞自己的員工，才穩固地建立起了他們的鋼鐵王國。

當下屬出現失誤時，激勵就尤為重要了。美國石油大王洛克菲勒的助手貝特福特，有一次因經營失誤使公司在南美的投資損失了40％。貝特福特正準備挨罵，洛克菲勒卻拍著他的肩說：全靠你處置有方，替我們保全了這麼多的投資，能幹得這麼出色，已出乎我們意料了。

這位因失敗而受到贊揚的助手，在後來為公司屢創佳績，成為了公司最重要的中堅人物。

人類本性中最深刻的渴求就是贊美。每個人只要能被熱情期待和肯定，就能得到希望的效果。管理者應該而且必須賞識你的下屬，要把賞識當成下屬工作中的一種需要。贊美下屬會使他們心情愉快，工作更加積極，用更好的工作成果來回報你，何樂而不為呢！

「皮格馬利翁效應」告訴我們，對一個人傳遞積極的期望，就會使他進步得更快，發展得更好。反之，向一個人傳遞消極的期望則會使人自暴自棄，放棄努力。

「皮格馬利翁效應」在學校教育中表現得非常明顯。受老師喜愛或關注的學生，一段時間內學習成績或其他方面都有很大進步，而受老師漠視甚至是歧視的學生就有可能從此一蹶不振。一些優秀的老師也在不知不覺中運用期待效應來幫助後進學生。

在現代企業裡，「皮格馬利翁效應」不僅傳達了管理者對員工的信任度和期望值，還更加適用於團隊精神的培養。即使是在強者生存的競爭性工作團隊裡，許多員工雖然已習慣於單兵突進，我們仍能夠發現皮格馬利翁效應，是其中最有效的靈丹妙藥。

6・聚光燈效應

——成為人們所關注的對象

「聚光燈效應」是湯姆・季洛維奇和肯尼斯・薩維斯基提出心理學名詞，主要的內容是指：很多時候我們總是不經意的把自己的問題放到無限大，當我們出醜時總以為人家會注意到，其實並不是這樣的，人家當時可能會注意到可是事後馬上就忘了，或者根本沒有注意到，有人會像你自己那樣關注自己的。

簡單來說，我們太把自己當回事了，高估了別人對我們的關注，放大自己別人對自己的關注度，尤其是在自己出醜的時候，覺得周圍人的目光總一直在自己的身上，從而自己的心情和生活受到很大的影響。

另一種說法也叫做「社會焦點效應」，是人們高估周圍人對自己外表和行為關注度的一種表現。焦點效應意味著人類往往會把自己看作一切的中心，並且直覺地高估別人對我們的注意程度。焦點效應其實是每個人都會有的體驗，這種心理狀態讓我們過度關注自我，過分在意聚會或者工作集會時周圍人們對我們的關注程度。正是因為每個人的焦點效應，在銷售上也常常成為業務員的公關手段。

一九九九年，康乃爾大學心理學教授季洛維奇和佐夫斯基在期刊上發表了了一項實驗中，證明瞭「聚光燈效應」。

他隨機選了幾組，其中讓一組的組員穿上一件奇怪的上衣，這件襯衫上面印著一位有著尷尬表情畢竟說著低俗語句的歌手，隨後問及該組成員有多少人會注意到這件誇張的衣服，很多人回答應該有50％左右的人注意到了這件衣服。然而，事實證明只有25％的會關注這件衣服。

為了證明實驗的準確性，選擇一個組穿上相對之前不那麼誇張穿上印有其他人的襯衫，被試還是認為有50％左右的人看到了，而實際上這一比例降到了10％。

結果很顯然，大多數情況下我們都高估了外界對我們的關注，害怕自己不好的表現遭到別人異樣的眼光，怕因為自己的拙劣的行為而怕被被人輕視，所以學會了束縛自己的行為方式，別人推薦自己的時候連忙拒絕，更談不上毛遂自薦了。

「聚光燈效應」意味著人類往往會把自己看作一切的中心，並且直覺地高估別人對我們的注意程度。聚光燈效應其實是每個人都會有的體驗，這種心理狀態讓我們過度關注自我，過分在意聚會或者工作集會時周圍人們對我們的關注程度。因為有焦點效應心理，你才會因為在聚會上站在角落或者弄撒了飲料而覺得自己很失敗。人們總是覺得社會聚光燈對他們格外關注，而事實並非如此。其實注意到你把飲料弄撒或其它尷尬場景的人並沒有你想像的那麼多，所以，不用那麼緊張的。

例如，和初次見面的人一起用餐，你不小心把酒盃打翻，或者在夾菜的過程中出現了失誤，該送到嘴裡的菜意外地掉在桌上。此時，你是否會覺得尷尬？覺得別人都在看你的笑話？可能很多人都會有這樣的感覺，即使不那麼強烈也會覺得不好意思，接下來你的一舉一動就會變得小心翼翼。這是很正常的表現，因為我們總想給初次見面的人留個好印象。有個朋友每次出門前都要花好長的時間在挑選衣服上，她覺得她一走出去，街上的人都會注視她，所以必須把自己打扮得漂漂亮亮的。其實，我們完全沒必要這麼緊張。

有實驗表明，其實我們（不是公眾人物的情況下）並不是那麼受人關注。你夾菜時的失誤或許根本就沒有人看到，即使看到了，人們也是不假思索地就掠過去了——因為沒你想像的那樣——大家都在關注你。

很多時候，都是我們對自己過分關注，並以此聯想到別人也會如此關注自己。這是一種自我焦點效應在作怪，總覺得自己是人們視線的焦點，自己的一舉一動都受著監控，這樣就會讓人產生社交恐懼。

社交恐懼者總是「感到」在人群中大家都在關注自己。社交恐懼者會高估自己的社交失誤和公眾心理疏忽的明顯度。如果我們觸動了圖書館的警鈴，或者自己是宴會上唯一一個沒有為主人準備禮物的客人，我們可能會非常苦惱。但是研究發現，我們所受的折磨別人不太可能會注意到，還可能很快會忘記。其實別人並沒有像我們自己那樣注意我們。因此，正確理解焦點效應有助於社交恐懼的消除。

「聚光燈效應」在銷售上也常常成為業務員的公關手段。推銷產品對業務員來說是具有挑戰意義的。大多數的推銷員一進門就對客戶說「我們的產品怎麼怎麼樣」、「我們的產品有什麼優點」等。其實，客戶本身不一定喜歡聽推銷員在那裡絮絮叨叨地說，誰也不願意聽關於別人的事。特別是對於陌生人，客戶可不願意浪費自己的時間去聽別人的事。但是，恰恰相反，如果是關於自己的事，客戶反而更願意去聽。

例如，一個業務員走進了客戶王總的辦公室。客戶當時正在打電話。他靜靜地坐了下來，觀察了一下客戶的辦公室。客戶的後面是一個書櫃，前面的桌子上擺著一張穿著博士服的照片，照片一側豎寫了四個大字「宏圖大展」，照片被裱了起來，看起來非常不錯，很激勵人心。

客戶打完電話，業務員說：「王總，您是博士畢業啊？讀的哪所大學啊？您是博士又掌管著這麼大的一個公司，國內像您這樣的董事長可不多啊！」客戶一聽，立刻哈哈大笑，「哪裡，哪裡，過獎了，這是我以前在讀……」客戶於是滔滔不絕地講起了自己的故事。

客戶談了一會，就主動切入正題，談起了產品。但是，業務員說出了價格，客戶不再說話了。業務員很快反應過來，說：「王總，照片上的字是您寫的吧，真有氣勢，你對書法肯定也很有研究吧？」客戶一聽，又開始說故事了，「過獎了……我以前……」最後，業務員成功地談成了這筆生意。

我們看一張照片，如果上面有我們自己，我們會非常快地留意到，並非常關注自己照片裡的形象，如果跟朋友聊天，很容易把話題引導到關於自己的事上來，並且隔了很久，都能清晰記得談論有關自己的內容。我們跟客戶接觸也是一樣的，沒有誰願意聽有關別人的事，特別對於陌生人，通常認為是在浪費自己的時間，但對於有關自己的事，我們都非常有興趣的。

所以，我們在與客戶第一次接觸的時候，談論的話題一定是有關客戶的事，一進門，就要觀察，客戶喜歡的書，擺放的飾品，客戶的衣服等等，一開始不要看到什麼都要說一遍，這樣讓容易感覺到你這傢伙「很假」，一見面就開始拍馬屁，到底有什麼企圖？讓客戶產生警戒心！所以，凡事都要有個度，恭維對方更要拿捏好度，否則會弄巧成拙、前功盡棄。

記住卡耐基說的話：「以真誠的方式，讓別人感到他很重要。」

「聚光燈效應」說明了人們都喜歡成為別人眼中關注的焦點！

國家圖書館出版品預行編目資料

彼得原理＝Peter principle／于珊主編，初版 --
新北市：新潮社文化事業有限公司，2023.02
面；　公分

ISBN 978-986-316-860-7（平裝）
1. CST：管理理論

494.1　　　　111019508

彼得原理

于珊　主編

【策　劃】林郁
【制　作】天蠍座文創
【出　版】新潮社文化事業有限公司
電話：(02) 8666-5711
傳真：(02) 8666-5833
E-mail：service@xcsbook.com.tw

【總經銷】創智文化有限公司
新北市土城區忠承路89號6F（永寧科技園區）
電話：(02) 2268-3489
傳真：(02) 2269-6560

印前作業　菩薩蠻電腦科技有限公司

初　　版　2023 年 03 月